木霉菌调控玉米耐盐碱机理与根际土壤微生物多样性

——以寒地盐碱土壤为例

付 健 著

中国农业科学技术出版社

图书在版编目（CIP）数据

木霉菌调控玉米耐盐碱机理与根际土壤微生物多样性：以寒地盐碱土壤为例／付健著.
—北京：中国农业科学技术出版社，2020.6

　ISBN 978-7-5116-4757-3

　Ⅰ.①木…　Ⅱ.①付…　Ⅲ.①盐碱土-土壤微生物-生物多样性-研究　Ⅳ.①S154.3

中国版本图书馆 CIP 数据核字（2020）第 086294 号

责任编辑　周丽丽
责任校对　李向荣

出 版 者　中国农业科学技术出版社
　　　　　北京市中关村南大街 12 号　邮编：100081
电　　话　(010)82105169(编辑室)　　(010)82109702(发行部)
　　　　　(010)82109709(读者服务部)
传　　真　(010)82106626
网　　址　http://www.castp.cn
经 销 者　各地新华书店
印 刷 者　北京建宏印刷有限公司
开　　本　710mm×1 000mm　1/16
印　　张　10.25　彩插　12 面
字　　数　170 千字
版　　次　2020 年 6 月第 1 版　2020 年 6 月第 1 次印刷
定　　价　48.00 元

资助项目

国家重点研发计划"黑龙江半干旱区春玉米全程机械化丰产增效技术体系集成与示范"（课题编号：2018YFD0300101）

中国博士后科学基金面上项目"棘孢木霉调控盐碱土壤功能微生物驱动玉米根际氮素转化及吸收利用的机制"（课题编号：2020M670930）

黑龙江八一农垦大学学成、引进人才科研启动计划"棘孢木霉对黑龙江寒地盐碱玉米田全年候土壤微生物群落结构的影响"（课题编号：XYB201901）

内容提要

　　玉米作为黑龙江省重要的粮食作物，同时该地区也是寒地盐碱土集中分布区之一，盐碱土壤严重制约玉米的生长。木霉菌具有促进植物种子萌发、植株生长发育和开花、提高作物产量，诱导植株增强生物和非生物胁迫的抵抗能力，改善土壤微生态环境等特点。本试验以寒地盐碱土壤为研究对象，采用室内盆栽和田间种植试验方法进行了两方面研究：一是盆栽试验研究木霉菌处理对寒地盐碱土壤胁迫下玉米幼苗生长、光合荧光特性、离子含量、抗氧化保护系统、渗透调节系统、氮代谢及根际土壤特性的影响，探讨不同浓度木霉菌提高玉米幼苗耐盐碱机制及根际土壤理化特性的变化规律。二是田间试验研究木霉菌对玉米根际土壤理化特性及产量的影响，采用高通量测序技术探讨木霉菌对寒地盐碱土壤微生物多样性的影响，为寒地盐碱土壤下木霉菌对玉米的促生作用及有效利用奠定理论基础。主要结论如下。

　　第一，木霉菌对玉米幼苗根际土壤理化特性的影响。盐碱胁迫下，两玉米品种根际土壤盐分含量、pH 值及 SAR 值均不同程度的增加，降低了土壤有机质和速效养分含量，从而导致土壤酶活性降低，影响了植株的正常生长。施用木霉菌后能够有效降低两品种根际土壤的 Na^+、HCO_3^- 含量，最高降幅分别为 19.49% 和 35.56%（XY335），20.07% 和 36.05%（JY417），缓解过高的土壤 pH 值和 SAR 值，使根际土壤有机质含量提高了 65.37%（XY335）和 67.38%（JY417），从而促进了速效养分含量增加，土壤根际酶活性显著提高，$1×10^9$ spores/L 浓度处理下效果最好。

　　第二，木霉菌对玉米幼苗生长及活性氧代谢的影响。盐碱土壤胁迫下两品种玉米幼苗的叶片和根系 Na$^+$ 含量显著增加，K$^+$ 和 Ca^{2+} 含量显著降低，超氧阴离子、过氧化氢含量增加，较高的活性氧水平导致膜脂过氧化程度加剧，使其 TBARS 的积累量明显升高，同时诱导了脯氨酸、可溶性糖含量的积累，盐碱胁迫对玉米苗根系和叶片的氧化伤害程度及抗氧化防御系统响应存在差异。施用木霉菌后，随着菌液浓度的增加，提高了玉米幼苗体内 K$^+$ 和 Ca^{2+} 的含量，抑制了 Na$^+$ 的含量，最高降低 40.01% ~ 53.76%，增加了抗氧化酶活性及非酶类抗氧化物含量，降低了活性氧的积累，最高降低 42.73% ~ 71.54%，改善根系生长特性，缓解盐碱胁迫对玉米氧化性伤害。

第三，木霉菌玉米幼苗光合特性及氮代谢的影响。盐碱胁迫下，两品种玉米幼苗生长受抑，光合色素含量降低，PSⅡ光化学量子效率减弱，Hill 反应活力下降，ATP 酶活性抑制，细胞膜透性和胞间 CO$_2$ 浓度则均显著升高，导致光合作用下降，同时盐碱胁迫还诱导两品种玉米幼苗的 NH$_4^+$ 含量及 GDH 活性增加，使 NO$_3^-$ 含量及氮代谢活性均有所降低。施用木霉菌能够提高光合色素含量和 Hill 反应活力，增强 PSⅡ反应中心的光化学活性，提高叶绿体内 ATP 酶活性，降低盐碱胁迫对光合作用的非气孔限制，使光合速率提高了 101.94%（先玉 335）和 80.56%（江育 417），促进光合作用为玉米幼苗氮代谢提供了更多原料和能量，提高了玉米氮代谢活性。

第四，木霉菌对玉米根际土壤微生物群落和理化特性及产量的影响。施用木霉菌后改变了根际土壤微生物群体结构，使土壤中有益微生物和有机质含量增多，有机质在分解过程中能够产生大量的有机酸，改善根际土壤的理化性质，提高了根际土壤的酶活性，从而促进了玉米植株的生长发育，不同生育期内木霉菌处理均显著好于盐碱处理，因此，木霉菌处理下产量较对照处理显著提高了 4.87% ~ 12.41%。

第五，木霉菌对玉米根际细菌群落多样性的影响。本研究采用高通量测序方法对寒地盐碱土壤进行研究，明确了木霉菌对玉米根际土壤微生物多样性的影响，揭示了寒地盐碱土壤中微生物组成及丰度。细菌多样性测序结果表明，土壤样品中细菌门类主要有变形菌门（43.8%）、酸杆菌门（21.7%）、芽单胞菌门（10.2%）、拟杆菌门（8.1%）、放线菌门（4.1%）。不同生育时期内，细菌种群的丰度均表现为高浓度木霉菌处理下受到一定抑制，而低浓度处理下则相反，细菌种群的多样性均表现为对照处理最大，不同浓度木霉菌处理对多样性有一定抑制作用，低浓度抑制更为明显。在细菌群落属水平分析发现，与对照处理相比，不同生育时期木霉菌处理均显著提高了鞘氨醇单胞菌和硝化螺菌属相对丰度，增幅分别为71.91%和23.33%（T1），33.71%和36.67%（T2），同时发现寡养单胞菌属为木霉菌处理的独有菌属，以上表明木霉菌能够提高土壤有益细菌数量，优化土壤细菌群落结构。

第六，木霉菌对玉米根际土壤真菌群落多样性的影响。真菌多样性测序结果表明，土壤样品中真菌门类主要子囊菌门（72.0%）、担子菌门（12.7%）、球囊菌门（1.7%）、UN-k-Fungi（11.2%）。不同生育时期内，真菌种群的丰度均表现为对照处理>低浓度处理>高浓度处理，而真菌种群的多样性均表现为高浓度>低浓度>对照处理。在真菌群落属水平分析发现，不同生育时期木霉菌处理下，木霉菌属和角担菌属为优势菌属，较对照分别高出19.75和5.14倍（T1），37.38和6.00倍（T2），而对照处理下病原真菌丛赤壳属和镰胞菌属丰度显著高于木霉菌处理19.75和5.14倍（T1），37.38和6.00倍（T2），小脆柄菇属是对照处理下独有菌属，同时发现试验土壤范围内对照处理下木霉菌属几乎没有，表明木霉菌处理能够抑制土壤病原真菌丰度，提高促生真菌的丰度。

目　　录

1 绪 论

1.1 研究背景

    土壤对人类来说是赖以生存的重要资源。随着地球人口数量的不断增长，人们过度地不合理利用与开发土壤资源，导致土壤盐碱化程度日益严重，世界范围内大量的农用耕地面临盐碱化威胁。土壤盐碱化已经成为一个全球性的生态和资源问题，是世界农业面临的迫切需要解决的难题，盐碱土壤正在严重威胁农作物的生长发育，且逐渐成为主要胁迫因素[1,2]。

    地球上拥有非常大量的盐碱土壤资源，它的形成主要有初生盐渍化和次生盐渍化两个原因。初生盐渍化主要是由于土壤或地表水长期盐分自然沉积所造成的，另外由于自然原因如风和雨水造成的海盐沉积也是初生盐渍化的主要成因。人们对土壤的不合理使用是导致土壤次生盐碱化的主要成因。据相关国际组织统计称，在世界范围内盐碱土壤的面积在 9.54 亿 hm^2 以上，占世界总土地面积的 6% 左右[1]，且面积还在逐年增加，全球范围内均有不同程度的盐碱化土壤的存在[3]。目前我国具有盐碱化土壤 $9.91 \times 10^7 hm^2$ 左右，占我国可用耕地面积的 10% ~ 20%，且面积在逐年增加[4]，我国盐碱化土壤主要分布在我国北方及沿海地区[3]，其中松嫩平原位于我国东北部，是全球盐碱土壤比较集中的区域之一，在我国也是盐碱灾害比较严重的区域之一，且盐碱土壤面积每年都呈现递增的趋势[5]，黑龙江省盐碱土壤主要成分为 Na_2CO_3 和 $NaHCO_3$，是典型的苏打盐碱土地带，根据土壤盐碱程度的不同，pH 值范围在 8.5 ~ 10.5，土壤理化性质非常差[6]。由于土地盐碱化严重，导致很多土地利用率下降，耕作用地面积减少，严重影响了农业可持续发展[7]。因此如何合理利用开发盐碱土壤资源就成为了一个非常严峻且具有重要意义的任务。

近些年来，由于土壤的盐碱化程度越来越高，对农作物的生长造成了严重的影响，严重制约着农业发展[8,9]。因此治理和合理利用盐碱化土壤就成为目前农业生产研究中非常重要的内容，目前国内盐碱化土壤防治技术主要有：物理改良技术、化学改良技术和生物改良技术。物理和化学改良技术虽然取得一定成绩，但也存在一些缺点，比如利用灌水洗盐，洗掉盐分的同时，也会洗掉植物所需的矿质元素；化学措施会对土壤产生二次污染等，生物改良技术可以改变土壤结构，使土壤理化性质得到改善，同时会带来一定的生态效益和经济效益。因此，可以通过土壤微生物结构和理化性质的变化来作为判定土壤健康的指标，评价土壤生态系统的恢复情况[10]。木霉菌是目前被广泛认可的一种非常重要的生物防治真菌，木霉菌具有较强的根系定殖能力，能够有效改善土壤结构，促进土壤中有益微生物群落结构的建立和维持[11]，因此施用木霉菌对盐碱土壤的治理利用具有非常重要的意义。

玉米在我国国民的生活中占有重要地位，目前，玉米已经成为黑龙江省最重要的粮食作物之一。同时玉米也是对盐碱胁迫比较敏感的作物之一，盐碱胁迫会严重影响玉米的生长发育[12,13]。

1.2　国内外盐碱土壤研究现状

1.2.1　盐碱土概况

盐碱土是指各种盐土、碱土及其他不同程度的盐化土和碱化土的总称。盐碱土由于自身含有较高的盐碱成分，严重抑制植物的正常生长发育，因此如何合理利用盐碱化土壤已经成为世界性的研究难题。大量研究表明，土壤盐碱化的形成不仅仅只与自然气候变化有关，还与人类的不合理开垦和灌溉措施等具有非常大的关系，打乱了水盐的动态平衡。盐碱化的土壤肥力下降，土壤理化性质恶劣，导致土壤生产力降低，危害作物生长，导致农作物减产。我国的盐碱土壤主要分布在北方[14]，其中松嫩平原西部盐碱土壤比较集中，严重制约着当地的农业发展[15]。黑龙江省大庆市、安达市和齐齐哈尔市是松嫩平原地区盐碱化比较严重的地区，这些地区由于地理结构原因、长期的石油开采造成土壤的严重污染，加剧了该地区的土壤盐碱化，土壤的生态多样性遭到破坏，使该地区的农业可持续发展受到严重制约。该地区的土壤中含有大量的可溶性盐分，且含有较多的苏打成分，pH 值较高，有些地区土壤 pH 值甚至超过 10，土壤条件的恶劣严重制约着该地区植物的生长及种类[16]。

1.2.2 国内外盐碱土研究进展

目前，国外研究盐碱土壤主要关注以下几个方面。

一是盐碱土壤形成因素、演变过程等方面的研究。

二是盐碱土防治与建模领域研究，包括土壤离子与土壤结构稳定性的关系及盐碱度和基质对植物生长模型等方面的研究。

三是盐碱化土壤改良利用研究，包括开展人工排水、生物质能源的利用、膜下滴灌、采用土壤改良剂对土壤盐碱等方面的研究。

四是盐碱土灌溉与劣质水利用领域研究，包括开展高矿化度废水的可持续利用、灌溉引起的次生盐碱化综合预测模型、土壤渗透率的季节性变化等方面研究[3]。

五是全球变化条件下土壤盐碱化演变领域研究：主要研究全球变化对干旱、半干旱及沿海地区土壤盐碱化的影响及对策。

19 世纪末 20 世纪初，美国和俄罗斯科学家通过建立土壤理论方程式并将其应用于苏打盐碱土的改良。20 世纪 40 年代，国外科学家提出了初生盐害和次生盐害理论，同时开始对改善土壤盐碱化进行了比较深入的研究，并取得了一定的成果[17]。20 世纪 50—70 年代，科学家开始研究使用化学和物理方法对盐碱土壤进行改良[18-20]。20 世纪 80—90 年代，科学家开始将盐碱地治理作为研究的热点，同时提出了生物法治理盐碱土壤的概念[19]。同时有研究发现，植物耐盐碱机制中的盐肥关系对土壤盐碱化的治理也具有一定的效果[21]。研究发现施用一些改良肥料能促进植物的耐盐碱能力[22]。

我国盐碱土研究方向目前主要集中在：盐碱土的发生与演变，盐碱土水盐转运机制及建模，盐碱化土壤监测、评估及预警，盐碱土水盐合理控制，盐碱化修复，土壤盐碱化生态环境效益等[3]。

1.3　盐碱胁迫对植物的影响

盐碱土壤主要通过渗透胁迫、离子毒害及高 pH 值 3 个方面对植株生长发育造成胁迫。当土壤环境中盐分浓度较高时，土壤中的水势会相应地降低，导致植株根系的吸水能力减弱，从而导致植株渗透胁迫。离子毒害对植株生长的影响主要分为两个方面，一是当细胞内盐分离子含量过度积累，会破坏氧自由基的产生和清除之间的动态平衡，导致细胞膜质过氧化，影响植株生长[23]；二是 Na^+ 含量较多时，能够取代细胞质膜和细胞内膜上的 Ca^{2+}，从而导致细胞膜结构遭到破坏同时细胞膜功能被改变，透性增加，K^+、Mg^{2+} 及有机溶质外渗，导致细胞内离子失衡，从而抑制植株正常的生长发育[24]。较高的 pH 值对植株的危害尤为严重，植株根系土壤的 pH 值较高，能够直接导致植株根周围 H^+ 含量缺失，抑制 K^+、Na^+ 等离子的吸收和外排，导致植株所需矿质元素活度下降，导致 P、Ca、Mg、Fe 等元素大量沉淀，导致植株根系周边离子供应严重失衡，使植株根系土壤微环境紊乱，最终改变植株的生理生化特性[25-26]。盐碱胁迫对植物的直接危害主要表现为渗透胁迫，同时引起离子失衡进而产生离子毒害；间接的表现为氧化胁迫，导致植株细胞膜透性发生改变及自身体内生理生化性质发生紊乱，植株体内积累大量有毒物质，最终表现为植株的生长发育受到抑制。植物受盐碱胁迫危害主要包括种子萌发、植株生长、渗透胁迫、水分代谢、光合作用、氧化胁迫、氮代谢过程紊乱和产量等方面[27]。

1.3.1　种子萌发

盐碱胁迫下，种子的正常萌发是植株能够生长的重要前提，也是植物生育气中最为关键和敏感的阶段，种子在萌发过程中对环境因素非常敏感[28]。国内学者大量试验发现盐碱胁迫对种子萌发具有明显的影响，危害主要通过降低溶液的渗透势，从而影响种子的吸胀过程，以抑制种子的萌发，同时通过毒害离子（如 Na^+、Cl^- 等）对种子产生毒害作用，使种子核酸代谢过程中主要酶活性和蛋白代谢过程受到改变，使种子内部激素平衡混乱，导致种子内存储的能量利用率下降，抑制种子的萌发[29]。同时有研究表明，不同盐碱浓度对种子萌发作用不同，研究表明低浓度对种子萌发影响不显著，而高浓度则严重抑制种子萌发或延缓萌发。盐碱胁迫严重阻碍种子细胞膜系统的修复，降低膜离子选择吸收能力，导致盐分离子大量进入，使种子细胞受到离子毒害，同时产生大量自由基，导致种子内部生理生化反应减缓，严重减缓种子发育[30]。盐碱环境的高 pH 值对种子萌发影响也非常明显，高 pH 值能够影响水解酶活性，抑制种子细胞营养物质的新陈代谢，从而导致种子萌发迟缓，严重的会导致死亡。国外相关研究也表明，玉米在发芽和苗期对盐碱胁迫比较敏感，随着生育期的推进敏感程度逐渐减弱[31]。也有研究发现，种子萌发期和苗期对盐碱的敏感程度略有不同，萌发期玉米能够具有一定的耐盐碱性，而苗期则较为敏感[32]。同时盐碱浓度对玉米发芽时间具有一定的延迟，但是对出芽率影响不大。由此可知，盐碱胁迫下对种子萌发的影响与盐碱浓度大小呈正相关。

1.3.2 植株生长

盐碱胁迫严重影响植株的生长发育，特别是在植株幼苗和生长前期营养生长阶段较为敏感，在不同作物上的研究表明，盐碱胁迫下，植株的生物量随盐碱胁迫时间的增长显著降低[33]。植株根系是植株生长过程中吸收水分和盐分的重要部位，盐碱胁迫能够使根系遭受离子毒害和渗透胁迫，阻碍根系生长，显著降低玉米根系活力，从而抑制植株生长，导致植株生物量显著降低，植株枯萎，严重会死亡[34]。

玉米生长受土壤盐碱胁迫，主要由于盐碱条件下土壤水势较低，引起植株吸收一定的矿质元素，以保证植株细胞水势平衡，从而会消耗大量的能量用来进行离子的吸收和运输，最终导致植株生长发育延缓。盐碱条件下，植株细胞内大量的盐分积累，造成细胞代谢失衡，植株各器官衰老速率提高[35]。盐碱胁迫会影响植株内部一些生长必需的激素、酶及代谢过程，从而导致植株的生长发育严重迟缓[36]。

1.3.3 渗透胁迫

当土壤环境中盐碱度较高时,盐碱毒害离子能够在植株根系细胞外大量积累,使根系周围的土壤环境渗透势降低,导致植株很难从土壤环境中吸收生长所必需的水分和盐分,最终使植株形成生理性干旱,损害植株细胞质膜,导致植株生理代谢功能紊乱[37]。研究表明,盐碱胁迫导致大量的离子在植株细胞质外体大量累积,从而提高了盐碱浓度,使水势降低,引发质体脱水,因此造成对植株的伤害[38]。不同耐盐碱植物之间的主要区别是当盐碱成分过高时,耐盐碱植物体内代谢过程受到的影响不显著,盐碱敏感植物则完全相反[39]。土壤中的可溶性盐分离子对植物吸收养分和矿质营养代谢具有重要意义,因此维持植株体内细胞离子平衡是保证植物正常生长发育的重要指标。盐碱胁迫下,毒害离子(Na^+、Cl^-、SO_4^{2-}、HCO_3^-、CO_3^{2-} 等)含量较高,会显著抑制植物吸收营养离子(K^+、NO_3^-、Ca^{2+}、Mg^{2+}、PO_4^{3-} 等)[40],打破植物体内细胞中离子平衡,从而形成离子毒害,使植物体内酶反应过程发生改变,蛋白质等生物大分子发生降解,使植物体内细胞生理代谢受到严重影响[41]。盐碱胁迫下,植物的受害状态有很多种,但是所有的危害最终都使植物的细胞膜结构受损伤,离子平衡被破坏,使植物体内各种代谢过程紊乱,从而使植株体内的正常生理生化过程受到抑制,最终影响植物生长发育。

1.3.4 水分代谢

水分代谢是衡量植株体内生理功能的重要参数,水分代谢与植株重要的生命活动,如植物的光合作用、蒸腾作用、矿质盐分吸收和转移等均有非常紧密的联系[42]。研究发现,低浓度盐碱胁迫下植株对水分的吸收大于叶片的蒸腾速率,使根系和叶片能够含有较多的水分;高浓度盐碱胁迫下,植株根系对水分的吸收小于叶片的蒸腾速率,导致植株体内水分代谢紊乱[43]。当土壤中的盐碱成分过高时,会导致土壤水势下降,使植株细胞中水势升高,使植物对水分的吸收难度增加,造成植物严重失水,形成生理性干旱,同时使植物体内许多代谢过程受到影响[44]。水分利用率是表示植株光合作用和蒸腾作用关系的重要指标，可以表示植株在胁迫条件下生长发育情况。盐碱胁迫条件下会显著降低植株水分利用率，且降幅与盐碱含量的提升呈显著负相关。

1.3.5　光合作用和叶绿素荧光特性

植物的光合作用是其生长过程中能量供应的重要过程，环境胁迫对该过程影响较大[45]。土壤盐碱胁迫对植物光合作用的重要影响可能包括如下几种情况。

（1）盐碱胁迫导致植株受到离子毒害，导致植株光合作用下降。

（2）盐碱胁迫引起植株发生渗透胁迫，从而使气孔关闭，植株蒸腾作用减弱，同时导致 CO_2 的供应不足。

（3）盐碱胁迫使植株体内类囊体和叶绿体结构遭到破坏，使叶绿素含量减少，影响光合同化，抑制光系统（PS I 和 PS II）。

（4）盐碱胁迫使植物的光合产物如蔗糖的转运、分配和利用受到影响，使植物受到光合反馈抑制。

（5）盐碱胁迫使植株 ROS 积累过量，导致细胞膜质过氧化，细胞膜透性增加，最终引起植物光合代谢相关酶活性发生变化[46]。

1.3.5.1　盐碱胁迫降低光合作用的因素

光合速率大小可以直接地反映植株生长状况，研究发现，盐碱胁迫下植物光合速率随盐碱浓度的增加呈不同变化规律，有抑制也有促进[47,48]。气孔的大小直接影响植物的光合作用强弱。相关研究表明，盐碱胁迫下会导致植物气孔关闭，其主要原因：一是植株在盐碱土壤胁迫下，叶片的光合速率和胞间 CO_2 浓度会降低，从而使植株叶片的气孔关闭，这种对光合作用的影响叫作气孔限制；二是植株在盐碱土壤胁迫下，叶片的光合作用和胞间 CO_2 浓度呈相反的变化趋势，从而使植株叶片的气孔关闭，这种对光合作用的影响叫作非气孔限制。

1.3.5.2　盐碱胁迫对光合色素的影响

叶绿体是植物自身进行光合作用的重要场所，光合色素主要参与植物光能的吸收、传递、转换及耗散等反应。植株叶片光合能力的强弱与叶片中的光合色素含量具有紧密联系。很多研究表明盐碱胁迫会导致植株叶片的光合色素含量减少[49-50]。研究表明，植物在受到盐碱胁迫时，能够提升植株的叶绿体酶活性，导致体内的叶绿素含量严重减少[51]；同时也有研究发现，盐碱胁迫下叶绿素含量提高[52]，这些不同的变化规律可能与盐碱胁迫的强度、时间及不同植物种类有关系。

1.3.5.3 盐碱胁迫对叶绿素荧光的影响

植物叶片的光合功能可以通过叶绿素荧光参数来反映，其中包括光系统Ⅱ及其电子传递过程[53-54]。相关研究发现，盐碱胁迫下，植物的PSⅡ功能受到抑制或破坏，使植物光合作用的能量及电子传递受阻，导致CO_2同化率显著下降[55-56]。前人对有关盐碱胁迫对叶绿素荧光的影响研究发现，植物在遭受盐碱胁迫时，光合速率和气孔导度显著降低，光系统Ⅱ功能减弱，同时改变放氧复合体的功能来影响植物的生长[57]。盐碱胁迫下植物细胞膜活性降低，细胞质结构发生变化，光合作用相关酶活性下降都会导致植物的光合速率下降。

1.3.6 氧化代谢

活性氧（ROS）是植物体内有氧代谢的中间产物，具有很强的氧化能力。细胞膜是植物体内保护细胞的主要屏障，它具有在植物体内运输物质、传递能量、信号转导等功能。盐碱胁迫下植物体内各种代谢过程中的水分亏缺，从而使植物体内产生大量的ROS，使植物细胞膜脂过氧化，细胞膜透性增大，植物体内蛋白质降解和酶活性降低，导致植物受到氧化损伤[58]。植物体内的活性氧能够严重威胁植物细胞中的膜结构，使植株细胞蛋白质等受到氧化损伤，严重损伤细胞器[59]。植物自身具有一种特殊的机制来应对活性氧的伤害，即抗氧化酶和非酶性抗氧化系统。抗氧化酶系统主要包括：超氧化物歧化酶（SOD）、过氧化氢酶（CAT）、过氧化物酶（POD）、抗坏血酸还原酶（APX）、谷胱甘肽过氧化物酶（GPX）、谷胱甘肽还原酶（GR）等。非酶性抗氧化系统包括：抗坏血酸、谷胱甘肽、类胡萝卜素等。SOD在植物体内能够歧化超氧阴离子，使其能够转化成为过氧化氢和氧气，在通过CAT、POD、APX、GPX、GR等抗氧化酶进一步将过氧化氢清除。前人研究结果认为，植物体内的抗氧化酶是清除体内活性氧的重要物质，因此植物耐盐碱能力强弱可以通过检测体内抗氧化酶活性来判定[60]。同时研究结果发现，当盐碱胁迫在一定范围内时，植物体内抗氧化物质会呈增加的变化趋势，但盐碱胁迫过高时，超出了植物的承受范围，植物体内的抗氧化物质会呈降低变化趋势[61]。在盐碱胁迫下导致植物体内大量产生的 ROS 是植物生产效率降低的重要原因，因此对植物体内 ROS 的调控研究是缓解盐碱胁迫对植物细胞造成毒害和氧化伤害的关键。

1.3.7 氮代谢

氮代谢是植物体内重要的代谢过程，能够为植物提供生长发育所需要的物质。植物氮代谢的主要途径是介质中硝酸盐被植物根系吸收后还原为铵，铵能够参与植物体内氨基酸的合成与转化，这一过程是植物氮代谢重要途径，氮代谢关键酶在其中起到了重要作用[34]。盐碱胁迫下，玉米叶片和根系中硝态氮含量的变化趋势呈负相关性[62]。盐碱胁迫下，植物体内的硝酸还原酶活性随着植物硝酸盐含量降低而下降[63]。GS-GOGAT 循环是植物体内无机氮转化为有机氮重要途径，同时具有缓解植物体内氨毒的作用，GDH 途径则是植物体内氨同化的一部分；GS 和 GOGAT 活性在盐碱胁迫下显著降低，但是 GDH 活性则在盐碱胁迫下提高[34]，说明 GDH 途径在盐碱胁迫下被诱导激活，能够在一定程度上替代GS-GOGAT 循环的功能，从而将植物体内积累的过量氨态氮转化为植物生长所需要的谷氨酸，以缓解氨含量过高对植株造成的氨毒害。因此，盐碱胁迫是从多方面对植物氮代谢的产生影响，不同盐碱胁迫对不同的植物和组织器官的影响均有可能产生不同的影响，但是盐碱胁迫对植物氮代谢具体机制研究不够深入，仍需要做深入研究。

1.3.8 产 量

盐碱胁迫对植物产量的影响非常严重，其主要导致植物叶片的低下生产力、衰老及体内生理活性的降低[64]。盐碱胁迫导致植物叶片光合作用效率下降，也是植物产量下降的原因。植物在生长过程中所需要的碳水化合物在盐碱胁迫下供应受到严重制约，植株生长受限，最终导致植物的产量降低[65]。前人对不同植物进行研究发现，盐碱胁迫下不同植物的产量均显著下降[66]。同时发现在一定的盐碱范围内对耐盐碱植物的生长影响不是很明显[67]。

1.4 植物对盐碱胁迫的耐受机制

在盐碱胁迫下，植物自身能够通过避盐、提高植物自身耐盐碱性及一些特定的生理生化及分子机制来应对盐碱胁迫对植物造成的伤害。植物避盐主要包括泌盐、稀盐、积盐和拒盐等方式[68]；同时，植物自身还能通过渗透调节、离子的选择性吸收、提高植物抗氧化系统防护能力及改变植物光合作用途径等方式来提高植物对盐碱的耐受性，从而减轻盐碱胁迫对植物的损伤。

1.4.1 渗透调节

植物在生长过程受到环境胁迫，植株自身能够产生渗透调节物质来缓解胁迫造成的损伤，缓解植株伤害[69]。盐碱胁迫下，植物体内能够合成有机小分子物质，这种合成有机小分子物质的过程是缓解植物渗透胁迫的重要方式。盐碱胁迫下，植物体内合成的渗透调节物质主要有脯氨酸、甜菜碱、有机酸类、可溶性糖等。科研人员在1954年首次发现游离脯氨酸，到现在脯氨酸已经作为重要的渗透调节物质在植物研究领域的研究已经非常深入[70]。植株在受到盐碱胁迫时会主动合成渗透调节物质，从而增强植株体内细胞的保水能力，维持细胞水势平衡，从而达到缓解盐碱毒害的作用[71]。可溶性糖能够在植物受到盐碱胁迫时，在植株体内大量合成，起到渗透调节作用，同时也可以为植株体内合成有机溶质提供能量[72-73]。

1.4.2 离子调节

盐碱胁迫通常会影响植物细胞内的离子稳态平衡，使植物体内发生离子代谢紊乱。植物体内的 Na^+、Cl^- 离子发生不均衡的分布，当其浓度过高时，会对植株造成离子损伤，同时也会使植株体内的 K^+、Ca^{2+}、Mg^{2+} 等离子分布失去平衡，最终导致植物体内的功能受到影响。盐碱胁迫下，植物体为了应对逆境胁迫，会建立一个新的离子稳态平衡，因此这种离子稳态平衡对植物生长具有非常重要的作用。很多植物在盐碱胁迫下会导致体内的 K^+ 含量显著降低。研究表明，植物能够通过提高自身体内的 K^+/Na^+ 的选择吸收能力来限制植物对 Na^+ 的吸收，以达到植物体内较低 Na^+ 浓度的目的，从而减少高浓度 Na^+ 对植物的伤害[74-75]。

植物能够将进入自身体内的盐分离子在不同的组织器官和细胞中进行区隔化，从而更好地缓解离子毒害，使植物更好地应对盐碱胁迫。Na^+ 的区隔化主要是在植物体内组织器官中将 Na^+ 存储在根、茎及叶鞘等薄壁细胞发达的组织器官中，在植物细胞中主要将 Na^+ 分隔到液泡中，从而使细胞质免受 Na^+ 的毒害。研究表明，在盐碱浓度较高的环境中会使 Na^+ 的区隔化受到严重影响，使 Na^+ 大量的在细胞质中积累，造成植物细胞的单盐毒害。一些盐生植物能够通过 H^+-ATPase 和 Na^+/H^+ 的逆向转运蛋白将细胞质中过量的 Na^+ 外排，将盐分离子运送到液泡中，从而降低细胞质中盐分离子浓度，同时提高液泡中的离子浓度，使细胞内外达到离子平衡，使细胞能够正常的进行吸水和代谢活动，缓解盐碱胁迫造成的伤害。由此可见，植物对 Na^+ 的选择性吸收和区隔化能力与植物自身的耐盐碱能力具有非常紧密的联系，但是不同品种间存在一定的差异。

1.4.3 抗氧化系统的调节

植物体内的光合和呼吸电子传递等代谢过程在盐碱胁迫下会产生和积累大量的活性氧，活性氧能够破坏细胞膜内一些生物大分子的结构和功能，从而使植物体内细胞受到氧化损伤。植物体内存在抗氧化系统能够清除逆境胁迫所产生的 ROS，使植物体内的 ROS 保持动态平衡，能够维持植物自身的代谢活动正常进行。

植物体内抗氧化酶系统的 SOD 酶能使植株体内的超氧阴离子转化为 H_2O_2，然后 H_2O_2 在 CAT、APX、GPX 等酶催化下生成 H_2O。GPX 能够催化 GSH 和 H_2O_2 生成 H_2O 和 GSSH，然后通过 GR 将 GSSH 还原成为 GSH，为接下来清除 H_2O_2 提供电子供体。AsA-GSH 循环中的 AsA 和 GSH 能够有效地抑制胁迫导致的脂质过氧化，且能够有效地清除自由基。GSH 还可以直接清除植物体内的 ROS，AsA 能够对超氧阴离子和羟自由基进行有效清除，同时还可以清除膜脂过氧化过程产生的多聚不饱和脂肪酸，使细胞中的酶类避免氧化损伤。GPX 和 APX 能够对 AsA-GSH 循环进行催化，其中 APX 能够利用 AsA 作为电子供体将植物体内产生的

H_2O_2 还原成为 H_2O，AsA 能够被氧化成为 MDA，然后 MDA 在 MDHAR 的催化还原作用下再次生成 AsA，MDA 能够以 NADPH 为质子供体转变成为 DHA，DHA 在 DHAR 的催化下与 GSH 生成 AsA，并产生 GSSH，然后 GSSH 通过 GR 的还原反应再生成 GSH，这个过程就完成了 AsA–GSH。盐碱胁迫会使植物体内细胞膜脂过氧化程度加剧，活性氧在细胞内大量积累，打破了植物在正常生长发育状态下的活性氧平衡，通过由 ROS 介导的氧化还原信号的反馈传递，从而诱导植物体内酶促保护系统（SOD、POD、CAT、APX、GPX、GR 等）活性提高，AsA、GSH 的含量也随之增加，从而有效缓解植物细胞膜脂过氧化程度，以达到提高植物的耐盐碱性的目的[76-77]。

1.4.4　改变光合作用途径

光合作用能够生产植物生长发育所需的物质，是植物进行生命活动的物质基础和能量源泉，对植物的产量形成具有非常重要的影响。环境条件对植物的光合途径影响较大，特别是不同类型的光合酶对环境的敏感程度较大。根据 CO_2 固定过程中最初产物所含碳原子的数目及碳代谢特点，将光合碳同化分为 C_3 途径、C_4 途径和 CAM 途径。光合碳同化途径的转变是环境调控的产物，是植物对逆境的适应性的进化结果。盐碱胁迫下，植物的光合作用由于体内细胞水势降低而受到抑制。因此植物在逆境环境下，为了能够更好地生存下去，只能改变自身的光合途径，有些植物在盐碱胁迫浓度较低的环境下会以 C_3 途径方式进行，而盐碱浓度较高时，能够显著提高叶片的 PEP 羧化酶活性，这是光合作用途径就会向 C_4 途径方式进行；同样有些植物在低盐碱浓度下光合碳同化途径以 C_3 为主，但盐碱浓度较高时就会转变为 CAM 途径，这说明，光合途径的改变是植物自身对逆境胁迫的一种有效应对，能够有效地提高植物的耐盐碱性。

1.5　盐碱胁迫对根际土壤特性的影响

1.5.1　盐碱胁迫对植物根际土壤微环境的影响

植物根际土壤微环境是植物在生长过程中，根系与根系周围土壤微环境相互作用，对复杂和动态的土壤微环境产生一定的影响，与原土体产生差异。不同的土壤类型、不同差异的植物个体和种类之间对植物根际土壤微环境均有不同的影响。植物的根系周围土壤微环境比较特殊，因为它周围聚集了大量的土壤微生物、土壤酶和土壤动物，对植物的根际微环境具有不同的影响，其中土壤微生物和酶是根际土壤中非常活跃的组成部分，它们能够共同影响土壤动态的变化，对植物应对恶劣的生态环境及人类活动造成的土体破坏均具有积极的作用。植物在生长发育的过程中需要从土壤中吸收水分、养分及矿物质营养，但是植物在吸收的同时也会向土壤中分泌及代谢大量物质，其中包括植物根系的呼吸代谢和生长脱落物质。根系的分泌物中含有一些有机质能够作为土壤中微生物生命活动的营养物质，从而改善了土壤中的微生物群落结构和数量，这对植物根际土壤微生态环境具有非常重要的影响，同时对植物根际土壤酶活性也具有重要的影响。植物根际周围的土壤微生物群落构成和数量及土壤酶活性显著高于相同土壤环境下无植物生长的土壤[78]。植物根际分泌物与植物的生长状况、植株病害情况及土壤状况等的影响。根际土壤环境周围微生物的呼吸作用、代谢作用及微生物的发酵作用同样为根系的生长提供了必需的营养物质，土壤酶的活性强弱与土壤微生物的生物活性大小有非常紧密的联系。土壤微生物和土壤酶是维持土壤生态功能的重要组成部分，与土壤肥力有紧密联系，农田中很多土壤微生物和土壤酶为农业生产提供了重要的基础，提高了土壤中物质循环和转化的强度。土壤微生物和土壤酶在土壤生态中具有非常重要的地位，土壤微生物在土壤中养分循环和土壤矿化分解过程中具有非常重要的作用，土壤酶在土壤中的生物化学反应具有催化作用，土壤微生物和酶活性对土壤的养分形成和积累具有协同作用，是植物根际微环境生物活性的综合表现[79]。盐碱胁迫下植物根际土壤环境中的微生物和土壤酶的动态变化，能够表征植物对土壤环境胁迫做出的应对响应。

1.5.2 盐碱胁迫对植物根际土壤理化性质的影响

土壤中动植物的残体及排泄物共同形成了土壤中的有机质，有机质含量的多少能够反映土壤的肥力情况。前人在土壤质量变化对生态环境影响程度大小的研究中，将土壤有机质、养分含量与植被覆盖率和土地复垦率等指标数据作为重要的参考依据[80]。土壤的酸碱度对土壤的理化、微生物结构及植株的生长发育均具有非常重要的影响。盐碱土壤中的微生物数量和种类非常少，主要受盐碱土壤较差的理化性质和较低的土壤养分含量。前人研究结果显示，当土壤中的盐碱度较高时，能够显著降低土壤微生物数量[81]。

盐碱性土壤板结情况严重，且透气性差，土壤中可溶性盐分含量高，极易形成盐碱斑。盐碱土壤中的微生物数量和种类非常少，主要受盐碱土壤较差的理化性质和较低的土壤养分含量，其中土壤可溶性盐分含量及 pH 值等重要指标严重制约着盐碱土壤中的微生物的生命活动及繁殖。盐碱土壤中的微生物数量与土壤中的盐分含量具有显著的负相关性，当土壤中的电导率到达一定数值以上时，会对土壤中的微生物活性产生非常严重的抑制作用。前人研究结果显示，当土壤中的盐碱度较高时，能够显著降低土壤微生物数量。同时研究发现盐碱土壤中磷元素对氮转化细菌生命活动及繁殖能力具有一定的限制。

1.5.3　盐碱胁迫对植物根际土壤酶活性的影响

土壤酶活性主要由土壤中的动物和植物残体、植物根系及土壤微生物分泌的、具有一定生物活性的物质。土壤中重要代谢过程及生化组成都需要土壤酶的参与，可以用土壤酶活性的高低来衡量土壤肥力高低，对土壤的物质循环和能量流动具有重要意义。目前，土壤酶活性测定已经成为人们研究土壤生态系统过程中必不可少的指标。环境因素对土壤酶活性的影响非常大，土壤酶活性与土壤理化及微生物特性等联系紧密，土壤中生化反应的过程和程度可以通过土壤酶活性来表示[82]。土壤中酶活性演变规律可以用来研究土壤微生物的演变规律。盐碱胁迫一方面通过直接抑制土壤中微生物数量，从而使土壤酶活性显著下降[83]；另一方面盐碱土壤中盐害离子直接导致土壤酶活性下降[84]。

1.5.4　盐碱胁迫对土壤微生物群落结构的影响

微生物作为地球生物演化过程中的先锋群类，在生物生存、发展和进化过程中具有重要的作用，它促进了地球上丰富的生物种类的产生[85]。土壤微生物能够促进土壤肥力的形成，同时对土壤结构等方面也具有重要促进作用，土壤微生物群落在土壤功能构成中具有重要地位，微生物群落的结构和功能对生态环境条件非常敏感。土壤微生物可以通过群落的代谢功能差异来实现对生态环境的影响，因此土壤微生物群落结构多样性的变化在一定程度上代表了土壤质量的变化趋势，能够作为评定土壤变化的指标。盐碱化土壤是指土壤中的可溶性盐分大量聚集在土壤表面的一个过程，而土壤微生物类群的重要活动区域恰好就在土壤表面，因此盐碱化对土壤微生物和土壤肥力状况具有非常大的影响，导致在盐碱土壤表面生长的植物受到严重危害。随着近些年来人们对土壤微生物学的深入研究，开始逐渐意识到土壤微生物在土壤中的重要地位及盐碱成分对土壤微生物的危害。土壤微生物特征主要包括土壤微生物群落构成，微生物生物量及微生物呼吸，能够作为土壤生态系统发生变化的预警指标。

1.5.5　盐碱胁迫对土壤微生物多样性的影响

土壤中微生物群落的稳定性可以通过土壤微生物多样性来评定，土壤微生物群落受土壤环境胁迫的程度也可以通过土壤微生物多样性来反映[86]。近年来，人们在研究土壤微生物多样性的研究上取得非常大的进步。人们研究土壤微生物多样性的过程主要可以分为3个阶段。

（1）20世纪70年代以前，人们采用传统分离培养方法，根据微生物的形态学和营养学特征来比较不同微生物间的差距，从而进行微生物的分类和计数。

（2）20世纪70—80年代，土壤微生物的研究出现了生物标记物方法，这种方法主要以微生物化学成分的规律性为研究基础。根据不同微生物的化学成分规律不同，对某些微生物进行分类和定量，这种方法与传统微生物分离培养方法相比能够更加客观地描述微生物多样性。

（3）20世纪80年代至今，分子生物学方法开始逐渐被人们应用于土壤微生物多样性的研究中，通过基因测序和指纹图谱技术，能够比较精确地描述微生物群落结构和多样性。

1.6 木霉菌研究进展

1.6.1 木霉菌简介

木霉菌（*Trichoderma*）是自然界中分布十分广泛的植物促生菌，是土壤微生物区系中非常重要的构成部分，它对多种土壤病原微生物引起的病害都具有非常好的防治效果，在农林生产实践中表现出了非常好的增产效果。木霉菌通过对植物的寄生作用来影响植物的生长发育。木霉菌可以通过其较强的定殖能力在植物根际周围分泌一些物质，以起到对土壤中病原真菌的抑制作用，木霉菌产生的分泌物质能够为植株提供营养物质，木霉菌还能通过对植物体内激素水平的调节[87,88]，对大气中的氮素进行固定[89]、提高植物对磷素的吸收[90]、提高植物对矿物质元素的吸收[91]等方式来促进植物的生长发育。

1.6.2 木霉菌生防机制

1932 年，Weindling 等研究发现木素木霉菌（*T. lignorum*）能够寄生在一些土壤土传病原真菌上，并得出在土壤中增加木霉菌的施用量能够防治很多土壤土传植物病原菌，从此人们开始对木霉菌展开深入研究[92]。随着时间的推移，国内外的科研工作者开始大量地开展对木霉菌生物防治机制等方面的研究。近年来，随着分子生物学手段的飞速发展，人们逐渐发现木霉菌能够有效地调节植物生长发育，提高植物对土传病原真菌的防御能力，从而逐渐明确了木霉菌的生防机制。木霉菌对植物病害的生防机制非常复杂，主要包括重寄生作用、竞争作用、抗生作用、诱导植物抗性作用、改变根系微环境。

1.6.3 木霉菌促生机制及研究进展

植株根际土壤中大多数病原真菌均能够被木霉菌抑制生长，减少病原真菌菌群的数量，使植株根际土壤的微生物群落得到改善。木霉菌产生分生孢子的过程也受到不同微生物群落的影响，其中有的微生物菌群对其有促进作用，有的有抑制作用[93]。一些木霉菌能够溶解土壤中的矿物质，从而为植物的生长发育提供营养物质，促进植物的生长发育[94]。研究结果显示，进行木霉菌定殖植物处理后，植物的幼苗生长速度显著提高，且显著缓解了逆境胁迫下植物在分子、生理等水平上的响应[95]。木霉菌对非生物胁迫下种子的萌发具有显著的促进作用，缓解胁迫导致的幼苗细胞膜质过氧化，最终降低非生物胁迫对植物造成的氧化损伤[96]。目前认为木霉菌生防机制主要包括以下几方面。

1.6.3.1 产生植物生长调节剂

前人试验发现木霉菌产生的植物生长调节剂对野生拟南芥生长发育具有一定的刺激作用[97]。Vinale 等从木霉菌的代谢产物中分离出一种类植物生长素，具有促进植物生长的功能，同时具有防治植株病害的能力[98]。

1.6.3.2 产生抗生物质

木霉菌能够在定殖根系的过程中产生具有抗菌活性的次级代谢产物。木霉菌产生的次级代谢产物对土壤病原真菌具有非常显著的抑制作用。木霉菌对植物的根际周围产生的有害菌群具有一定的耐受性，并能够产生降解酶，从而降低有害菌群对植物根系造成的损伤[99]。在重金属污染的土壤条件下，对植物接种木霉菌发现，接种后的植株干重显著高于未接种的植物[100]。

1.6.3.3 提高养分利用率

木霉菌能够溶解根际土壤中微溶和不溶状态的营养元素，使土壤中的硝酸还原酶活性增强，促进植株吸收土壤中矿物质和营养元素。目前人们研究发现的机理主要包括：产生有机酸溶解土壤中的矿物质；产生螯合剂对土壤中的沉积物颗粒上的微量元素进行螯合，促进植物对微量元素吸收利用。

1.6.4 木霉菌对植物光合特性的影响

前人在棉花上施用木霉菌后发现，木霉菌显著提高了棉花幼苗叶片叶绿素含量，从而提高了叶片的光合作用[101]。魏林、陆宁海等研究发现，木霉菌处理能够显著提高叶片叶绿素含量，同时使植株的地上部干重显著增加[102-103]。玉米植株施用哈茨木霉菌后，植物的光合作用和暗呼吸速率均显著提高，同时明显促进玉米植株的生长发育[104]。木霉菌能够提高控逆境下植物体内的基因表达和氧化还原信号，从而对植物的光合作用起到促进效果[96]。

1.6.5 木霉菌对土壤改良作用的研究进展

长久以来，人们为了提高作物的产量而大量使用化肥和农药，对土壤环境造成了破坏。为了兴利除弊，我国政府开始大力倡导发展生态农业，因此使用微生物菌剂提高作物生长和改良土壤受到人们的重点关注。木霉菌是目前被广泛认可的一种非常重要的生物防治真菌，木霉菌具有较强的根系定殖能力，建立并改善土壤中有益微生物群落结构[11]。木霉菌还具有缓解土壤重金属污染和土壤修复能力[105-106]。前人在对植物采用木霉菌诱导后发现，施用木霉菌处理下的土壤N、P、K 含量均比未施用木霉菌土壤处理显著提高[107]。木霉菌在受污染的土壤中能够有效地溶解污染土壤的元素[108]。前人研究发现木霉菌对磷酸盐具有一定的溶解能力，从而能够提高土壤中磷素的吸收能力，增加植物根际土壤肥力[109]。土壤团聚体的形成和结构性状在施用木霉菌后具有非常明显的改良效果，同时还能提高土壤中的速效养分含量和植株对土壤养分的吸收能力，对土壤的 pH 值具有显著的改善效果[110]。

1.7 研究目的与意义及研究内容

1.7.1 研究目的与意义

玉米（*Zea mays* L.）在我国具有非常重要的地位，广泛地应用于食品，饲料，发酵，能源等行业。玉米产量安全对国家粮食安全具有重要意义。盐碱土壤胁迫对玉米的影响非常大，因此随着我国盐碱化土壤面积的逐年扩大，我国玉米产量也受到了严重影响。目前，全球大约 6% 的耕地土壤受到不同程度的盐碱化威胁[111]。盐碱土壤胁迫已经成为了世界范围内影响最大的非生物胁迫之一，对农作物的产量和品质具有严重影响[112]。黑龙江省是我国主要的粮食产区之一，玉米作为黑龙江省第一大作物，种植面积已达 582.1 万 hm²，产量达 3 540.4 万 t/年，因此该地区玉米的高产稳产直接关系到国家的经济发展，同时黑龙江省盐碱地面积达

2.882×10^{6}hm^2，严重制约着该地区粮食产量。因此，如何缓解盐碱土壤对作物生长的胁迫，研究耐盐碱的机制，探求盐碱调控途径，合理利用盐碱土壤资源对黑龙江省的农业可持续发展具有重要的意义。

木霉菌作为植物病害的生物防治真菌和植物生长的促生真菌，它在农林业生产实践发挥了非常重要的作用和效果，已经受到人们的广泛关注。目前，关于木霉菌缓解植物非生物胁迫的研究在蔬菜、玉米、小麦、大豆等均有应用[113-117]，但是大多数研究人员在非生物胁迫如盐碱、干旱等研究上均采用人工模拟试验方法。本试验采用寒地盐碱土壤为研究对象，在寒地盐碱土条件下研究木霉菌对玉米耐盐碱促生作用机制，同时采用高通量测序技术研究木霉菌施用后对土壤微生物多样性的影响，对寒地盐碱土资源利用及作物生长具有非常重要的理论意义，也为木霉菌在农业生产中的应用提供理论依据。

1.7.2 研究内容

以寒地盐碱土壤为研究对象，采用室内盆栽和室外田间试验方法，选用实验室筛选的两个不同基因型玉米品种，研究不同浓度木霉菌对盐碱胁迫下玉米幼苗耐盐碱机制的调控效应及木霉菌对盐碱土壤胁迫下玉米根际土壤理化性质、酶活性和微生物多样性的影响，从而为寒地盐碱土壤玉米种植及施用木霉菌对盐碱土壤微生态环境的影响提供重要的理论依据。

我们通过查阅前人研究木霉菌剂浓度的相关文献[113-117]，及前期预备试验筛选浓度和盐碱土的土壤状况，同时考虑到生产应用过程中提高木霉菌用量的成本，最终确定本试验采用高浓度孢子悬浮液为 1×10^{9}spores/L 的木霉菌液。试验具体内容如下。

1.7.2.1 木霉菌对玉米幼苗根际土壤理化特性的影响

以寒地盐碱土壤为研究对象，利用木霉菌对盐碱土壤进行改良，以不同基因型玉米幼苗品种为指示作物，采用室内盆栽种植方法，通过测定玉米幼苗根际土壤的 pH 值、土壤盐分离子含量、土壤养分含量、有机质含量、土壤酶活性，研究根际土壤的理化性状变化，明确木霉菌对盐碱土壤的影响变化，确定木霉菌施用最适浓度对盐碱土的改良效果，建立适应当地的木霉菌施用方法，为当地盐碱土资源合理利用提供理论依据。

1.7.2.2 木霉菌对玉米幼苗活性氧代谢的影响

以寒地盐碱土壤为研究对象，采用室内盆栽种植方法，研究分析不同浓度木霉菌对不同基因型玉米幼苗生长发育、抗氧化系统（酶促系统和非酶促系统）、活性氧代谢、离子含量及渗透调节物质的影响，明确木霉菌在缓解盐碱土胁迫下不同基因型玉米幼苗的耐盐碱机制，以期为阐明木霉菌增强玉米幼苗抗逆性的作用和确定木霉菌最佳诱导浓度提供参考依据。

1.7.2.3 木霉菌对玉米幼苗光合特性及氮代谢的影响

以寒地盐碱土壤为研究对象，采用室内盆栽种植方法，研究分析不同浓度木霉菌对不同基因型玉米幼苗叶片光合特性、叶绿素荧光特性、Hill 反应活力及ATPcase 活性的调控，以及玉米幼苗体内主要含氮化合物含量和氮代谢酶活性的影响，以阐明在盐碱土壤胁迫下木霉菌增强玉米光合作用的机理，并从氮代谢的角度揭示木霉菌对玉米幼苗盐碱伤害的缓解机理。

1.7.2.4 木霉菌对玉米根际土壤微生物群落和理化特性及产量的影响

以寒地盐碱土壤为研究对象，采用田间种植方法，分析全生育期内不同浓度木霉菌对田间玉米根际土壤酶活、微生物数量、养分含量、盐分含量及籽粒产量的影响。明确木霉菌对玉米根际土壤酶活、微生物数量、养分和盐分含量的变化规律及其对产量的影响，为木霉菌对盐碱土壤条件下促进玉米植株生长及改良土壤的应用提供理论依据。

1.7.2.5 木霉菌对玉米根际土壤微生物多样性的影响

以寒地盐碱土壤为研究对象，采用田间种植方法，利用 Illumina 高通量测序技术，研究不同浓度木霉菌对玉米根际土壤微生物多样性的影响，明确黑龙江寒地盐碱地玉米根际土壤微生物群落结构的组成，探究木霉菌对玉米根际土壤微生物多样性的影响差异，为当地改善玉米根际土壤微生态环境提供科学的理论基础。

2 木霉菌对玉米幼苗根际土壤理化特性的影响

2.1 前 言

目前在全球农业发展中土壤盐碱化成为重要的影响因素之一，过量的盐浓度会导致土壤退化，改变土壤渗透和基质潜力，并降低土壤微生物活性。过量可交换 Na^+ 和高 pH 值会导致黏土膨胀和分散，以及由于土壤渗透性、可用水容量和渗透率的下降而导致的土壤团聚体减少，导致作物生长受到抑制。盐碱土壤胁迫能够使根系遭受离子毒害和渗透胁迫，破坏根系细胞结构，显著降低根系活力，从而抑制作物生长，导致作物生物量显著降低，植株枯萎，严重会死亡。盐碱胁迫一方面通过直接抑制土壤中微生物数量，从而使土壤酶活性显著下降，另一方面盐碱土壤中盐害离子直接导致土壤酶活性下降；在盐碱土壤中生长的作物会遭受 Na^+ 毒性和由过量 Na_2CO_3 和 $NaHCO_3$ 引起的高 pH 值胁迫，其对作物的损伤高于 NaCl。为了最大程度的降低盐碱土壤对作物的影响，一种可能性就是利用有机技术与微生物结合来促进作物的协同生长，从而对集约化耕种造成的污染土壤进行生物修复。因此，根际微生物的发展成为在非生物和生物胁迫下促进植物生长和改善土壤健康的替代资源[118]。

木霉菌（*Trichoderma*）作为一种环境友好型根际微生物，它能够在植物的根际定殖并能长期存活在作物根系表面，在作物及土壤中增殖并形成有效群体，促进根系生长及分泌多种化合物，诱导植物产生局部或系统抗性，起到提高植物抗病害能力和植物抗逆性的作用，从而获得较高的产量[88,107]。研究发现绿木霉菌通过增强的根系发育，产生渗透物质和 Na⁺ 消除改善了盐胁迫下拟南芥幼苗的生长[119]。本研究采用室内盆栽方法，通过测定玉米幼苗根际土壤的 pH 值、土壤盐分离子含量、土壤养分含量、有机质含量、土壤酶活性，研究根际土壤的理化性状变化，明确寒地盐碱土壤条件下，棘孢木霉菌对玉米幼苗根际土壤理化特性的影响，确定木霉菌施用最适浓度对盐碱土的改良效果，建立适应当地的木霉菌施用方法，为当地盐碱土资源合理利用提供理论依据。

2.2　材料与方法

2.2.1　试验材料与设计

试验于 2015—2016 年在黑龙江省现代农业栽培技术与作物种质改良重点实验室完成。供试品种为本实验室筛选的不同基因型玉米品种，江育 417（JY417）和先玉 335（XY335），挑选大小一致、无破损的玉米种子（发芽率>90%），用 10% 浓度的次氯酸钠进行表面消毒 10min 后用无菌水清洗并风干，置于培养箱 25℃ 黑暗催芽，选取芽长一致的种子种植于塑料盆（规格宽×高为 12cm×11cm）中。盆栽土壤为天然盐碱土取自黑龙江省大庆市境内，pH 值为 9.30，盆栽土进行彻底风干，过 2mm 筛子，每盆装土 700g，每盆播种 5 粒种子，每个处理设置 10 盆。供试"玉米专用木霉菌"由东北林业大学林学院森林保护学科"木霉菌研究团队"提供，木霉菌高浓度孢子悬浮液 $1×10^9$ spores/L，木霉菌液按照每升土 0spores/L（Con1）、$1×10^3$ spores/L（A1）、$1×10^6$ spores/L（A2）、$1×10^9$ spores/L（A3）浇入 200mL，以碱化草甸土（pH 值为 8.23）为阳性对照（Con2），玉米幼苗培养至三叶一心。培养条件：昼夜温度为（25±2）℃/（20±2）℃，每天光照 12h，光强为 1 000μmol 光子/m²/s，湿度为 60%~80%。土壤基础理化性质见表 2-1。

表 2-1　试验土壤基础理化性质

处理	pH 值	全氮（g/kg）	全磷（g/kg）	碱解氮（mg/kg）	速效磷（mg/kg）	速效钾（mg/kg）	有机质（g/kg）
盐碱土 Con1	9.30	1.04	0.35	101.76	5.61	78.32	15.12

（续表）

处理	pH 值	全氮 （g/kg）	全磷 （g/kg）	碱解氮 （mg/kg）	速效磷 （mg/kg）	速效钾 （mg/kg）	有机质 （g/kg）
碱化草甸土 Con2	8.23	2.06	0.44	123.12	11.45	105.78	30.24

2.2.2　土壤样品采集及预处理

于玉米幼苗期施用木霉菌 27d 后，对各处理盆栽玉米幼苗根际土壤取样，小心挖出玉米根系后，采用抖根法提取根际土壤[120]，装入无菌封口袋密封带回实验室，先将土壤过 2mm 筛，然后均匀放于阴凉处风干，用于测定土壤理化及酶活性指标。

2.2.3　指标测定

土壤理化性质：土壤 pH 值、土壤全氮、土壤碱解氮、土壤有机质、土壤全磷、土壤速效磷、土壤速效钾测定参照鲍士旦方法进行[121]。

土壤酶活性测定：土壤脲酶活性、蔗糖酶（转化酶）活性、过氧化氢酶活性、碱性磷酸酶活性测定参照关松荫方法进行[122]。

土壤盐分总量测定：将土壤样品与去除 CO_2 的蒸馏水按 1∶5 土水质量比混合，振荡、过滤，滤液为待测液。土壤全盐量的测定通过八大离子总和来表示[121]：CO_3^{2-} 和 HCO_3^- 测定采用双指示剂滴定法；Ca^{2+} 和 Mg^{2+} 测定采用 EDTA 滴定法；Na^+ 和 K^+ 测定采用火焰光度法 Cl^- 采用 $AgNO_3$ 滴定法，SO_4^{2-} 采用 EDTA 间接络合滴定法。土壤钠吸附比（SAR）计算公式如下。$SAR = Na^+ / \sqrt{(Ca^{2+}+Mg^{2+})/2}$，式中：$Na^+$、$Ca^{2+}$ 和 Mg^{2+} 分别为每千克土壤中 Na^+、Ca^{2+} 和 Mg^{2+} 离子的量[121]。

2.2.4　数据分析

采用 Excel 2013 对数据进行整理，SPSS 21.0 软件进行单因素方差分析，采用 Duncan 检验法进行多重比较及差异显著性分析，本章图表数据均为 3 次重复的平均值。

2.3 结果分析

2.3.1 木霉菌对玉米幼苗根际土壤盐分离子含量的影响

判断土壤中盐类离子对作物生长是否具有限制作用时，可以通过土壤中盐分可溶性盐分含量来衡量。由表2-2可以看出，本试验区域内土壤中阳离子以 Na^+ 为主，阴离子主要以 HCO_3^- 为主，说明试验土壤盐碱成分以 $NaHCO_3$ 为主。

试验结果发现，盐碱胁迫（Con1）下，不同基因型玉米幼苗根际土壤盐分离子含量的变化趋势相似，同时发现 JY417 玉米幼苗根际土壤 Na^+、HCO_3^-、Cl^-、SO_4^{2-} 含量低于 XY335 玉米幼苗品种，这可能与品种的耐盐碱性有关。施用不同浓度木霉菌处理后，土壤中的 Ca^+、Mg^{2+}、K^+ 含量与盐碱胁迫相比均显著增加，而 Na^+、HCO_3^-、Cl^-、SO_4^{2-} 则显著降低，均表现为 A3 木霉菌浓度下差异显著，而 A1 和 A2 木霉菌处理差异性则有所不同；不同玉米品种间在施用木霉菌后，土壤离子含量变化规律与木霉菌浓度呈正相关，A3 浓度处理下，Na^+ 和 HCO_3^- 含量下降幅度分别为 19.49% 和 35.56%（XY335），20.07% 和 36.05%（JY417），JY417 降幅高于 XY335，且效果好于 A1 和 A2，Cl^- 和 SO_4^{2-} 在土壤中含量较少，但是变化规律与 HCO_3^- 含量相似，说明盐碱胁迫下，施用木霉菌对调节不同基因型品种根际土壤离子含量平衡均具有一定的作用。

表 2-2　木霉菌对玉米幼苗根际土壤盐分离子含量的影响

品种	处理	阳离子含量（g/kg）				阴离子含量（g/kg）		
		Ca^+	Mg^{2+}	Na^+	K^+	HCO_3^-	Cl^-	SO_4^{2-}
XY335	Con1	0.019±0.01d	0.011±0.00d	0.904±0.01a	0.005±0.00d	0.131±0.00a	0.073±0.00a	0.112±0.00a
	Con2	0.074±0.01a	0.041±0.00a	0.627±0.01d	0.043±0.00a	0.072±0.00e	0.045±0.00e	0.046±0.00d
	A1	0.033±0.00c	0.018±0.01c	0.864±0.01b	0.016±0.01c	0.118±0.00b	0.064±0.00b	0.095±0.01b
	A2	0.043±0.00c	0.022±0.00c	0.830±0.03b	0.021±0.00c	0.099±0.00c	0.058±0.00c	0.089±0.01b
	A3	0.059±0.01b	0.031±0.00b	0.728±0.02c	0.032±0.00b	0.084±0.00d	0.050±0.00d	0.070±0.00c

（续表）

品种	处理	阳离子含量（g/kg）				阴离子含量（g/kg）		
		Ca+	Mg²⁺	Na⁺	K⁺	HCO₃⁻	Cl⁻	SO₄²⁻
JY417	Con1	0.025±0.01e	0.014±0.00d	0.884±0.01a	0.011±0.01e	0.124±0.00a	0.069±0.00a	0.106±0.00a
	Con2	0.081±0.01a	0.048±0.01a	0.618±0.01e	0.050±0.00a	0.068±0.00e	0.040±0.00e	0.035±0.00d
	A1	0.037±0.01d	0.021±0.00c	0.842±0.02b	0.019±0.00d	0.112±0.00b	0.061±0.00b	0.091±0.01b
	A2	0.053±0.00c	0.024±0.00c	0.797±0.03c	0.027±0.00c	0.090±0.00c	0.052±0.00c	0.081±0.01b
	A3	0.067±0.00b	0.036±0.00b	0.707±0.01d	0.036±0.01b	0.079±0.00d	0.044±0.00d	0.065±0.01c

注：根据 Duncan 检验，处理之间字母相同者表示无差异显著性（$P<0.05$），数值为 3 次重复均值 ±SE。Con1、A1、A2、A3 分别代表盐碱土中浇入 0spores/L、1×10^3 spores/L、1×10^6 spores/L、1×10^9 spores/L浓度的孢子悬浮液，Con2 为碱化草甸土对照，下同

2.3.2　木霉菌对玉米幼苗根际土壤 pH 值和吸钠比（SAR）的影响

土壤 pH 值是土壤中非常重要基础化学性质，对土壤肥力具有一定的影响。在改良盐碱土壤研究中，土壤 pH 值的测定能够让人们了解土壤是否出现盐碱化。由图 2-1 可知，盐碱胁迫下，土壤 pH 值显著高于其他处理（$P<0.05$），不同基因型品种在盐碱胁迫下的 pH 值分别为 9.27（XY335）和 9.15（JY417）。施用木霉菌后，根际土壤的 pH 值有所下降，且随着木霉菌浓度的增加，土壤 pH 值下降越大，A3 处理下 pH 值分别为 8.73（XY335）和 8.66（JY417），显著差异于 A1 和 A2，但 XY335 的土壤 pH 值在 A1 和 A2 处理间差异不显著，JY417 在 A1 和 A2 处理间则差异显著，这表明在盐碱土胁迫下，施用木霉菌处理下能够有效地降低不同品种玉米幼苗根际土壤 pH 值，但低浓度间差异有所不同，JY417 小于 XY335，表现出一定的耐盐碱性。

钠吸附比（SAR）能够在一定程度上反应盐碱地土壤质量，并对土壤碱化程度进行预测。由图 2-1 可知，盐碱土壤（Con1）下 SAR 显著高于其他处理（$P<0.05$），不同品种间变化趋势相似，XY335 的土壤 SAR 大于 JY417。施用木霉菌后，XY335 和 JY417 玉米幼苗根际土壤 SAR 较盐碱对照处理均显著下降，A3 浓度处理下土壤 SAR 分别为 3.45（XY335）和 3.16（JY417），显著高于 A1 和 A2

处理，且低浓度处理在 XY335 根际土壤间差异不显著，在 JY417 根际土壤间差异显著，可见木霉菌处理能够使土壤中钠吸附比呈下降趋势，从而缓解高浓度 Na⁺对玉米植株的毒害。

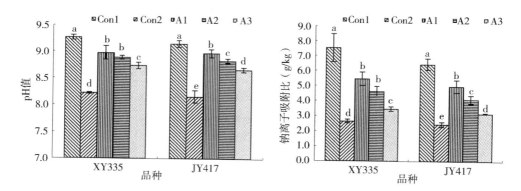

图 2-1　木霉菌对玉米幼苗根际土壤 pH 值和 SAR 的影响

注：Con1、A1、A2、A3 分别代表盐碱土中浇入 0spores/L、$1×10^3$ spores/L、$1×10^6$ spores/L、$1×10^9$ spores/L 浓度的孢子悬浮液，Con2 为碱化草甸土对照，处理之间字母相同者表示无差异显著性（$P<0.05$），短线代表标准误，下同

2.3.3　木霉菌对玉米幼苗根际土壤有机质含量的影响

土壤有机质含量与土壤肥力大小密切相关，同时也是土壤氮和磷素的主要来源，为作物生长和土壤微生物生命活动提供能源。由图 2-2 可知，盐碱（Con1）胁迫显著降低了不同基因型玉米幼苗根际土壤有机质含量（$P<0.05$），JY417 有机质含量高于 XY335，表现出一定的耐盐碱性。施用木霉菌后各处理土壤有机质含量较盐碱对照处理均显著升高，且随木霉菌浓度的增加，有机质含量逐渐升高，A3 处理下 XY335 和 JY417 的根际土壤有机质含量分别较盐碱对照提高了 65.37% 和 67.38%，但两品种土壤有机质含量在 A1 和 A2 处理下差异不显著，由此可见，随着木霉菌的施入，改善了土壤中的微生物群落结构，从而增加了盐碱土壤有机质含量，从而对玉米幼苗生长起到促进作用。

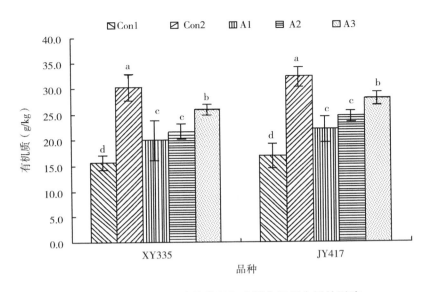

图 2-2　木霉菌对玉米幼苗根际土壤有机质含量的影响

2.3.4　木霉菌对玉米幼苗根际土壤速效养分含量的影响

土壤速效养分是植物生长必需的营养养分，因此碱解氮、速效磷、速效钾含量能够有效地指示土壤中速效养分供应能力，可以用来判定土壤中的养分供应能力。由图 2-3 可知，盐碱对照处理（Con1）下，土壤中速效养分含量均显著低于其他处理（$P<0.05$），且 JY417 的根际土壤速效养分含量高于 XY335。施用木霉菌后，不同浓度处理下均提高了土壤速效养分含量，且显著高于 Con1 处理，木霉菌处理下根际土壤速效养分含量随浓度的增加而升高，JY417 和 XY335 均在 A3 浓度处理下速效养分含量最高；而低浓度处理下速效养分含量差异性有所不同，其中 XY335 根际土壤碱解氮和速效磷含量在 A1 和 A2 处理间差异不显著，与 Con1 处理差异显著，速效钾含量在 A1 浓度与 Con1 处理和 A2 浓度均差异不显著，A2 浓度处理与 Con1 处理差异显著；JY417 根际土壤碱解氮和速效钾在 A1 和 A2 浓度间差异不显著，与 Con1 处理差异显著，而速效磷含量则 A1 和 A2 浓度间均差异显著，且显著高于 Con1 处理。由此可以看出，施用木霉菌后能够显

著提高盐碱胁迫下不同品种玉米幼苗根际土壤速效养分含量，但不同浓度处理间有所差异。

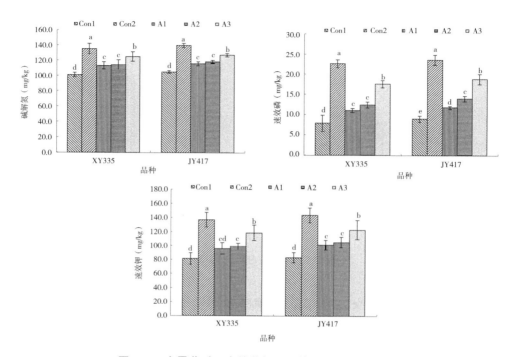

图2-3　木霉菌对玉米幼苗根际土壤速效养分的影响

2.3.5　木霉菌对玉米幼苗根际土壤脲酶活性的影响

土壤脲酶活性可以用来作为衡量土壤中氮素利用情况的重要指标。由图2-4可知，草甸土对照（Con2）在各处理间脲酶活性均处于较高水平，Con1处理抑制玉米根际土壤脲酶活性，并显著低于其他处理（$P<0.05$），且JY417酶活性高于XY335，表现出一定的耐盐碱性。施用木霉菌后显著提高了根际土壤脲酶活性，对XY335和JY417土壤脲酶的变化趋势相似，活性均随着木霉菌浓度的增加而提高，在A3处理下达到最高，显著高于其他处理，较盐碱对照处理高出32.65%（XY335）和37.91%（JY417），而XY335和JY417在A1和A2处理间

根际土壤脲酶活性差异不显著，但显著高于盐碱对照，表明木霉菌能够在一定程度上提高根际土壤脲酶活性，但是不同浓度间变化有所不同。

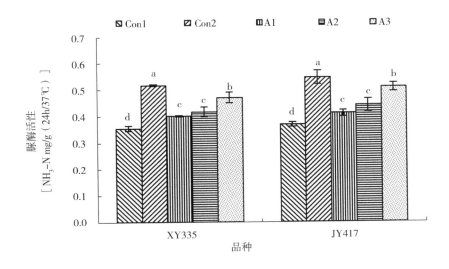

图 2-4　木霉菌对玉米幼苗根际土壤脲酶活性的影响

2.3.6　木霉菌对玉米幼苗根际土壤碱性磷酸酶活性的影响

土壤碱性磷酸酶能够参与分解土壤中的含磷化合物并参与土壤中磷素的循环，可以用来表征土壤磷素水平。由图 2-5 可知，草甸土对照（Con2）在所有处理下碱性磷酸酶活性均处于较高水平，而 Con1 处理下，根际土壤碱性磷酸酶活性受到抑制，显著低于其他处理（$P<0.05$），且 JY417 根际土壤酶活性高于XY335，表现出一定的耐盐碱性。盐碱处理下施用木霉菌后提高了碱性酶活性，不同浓度间酶活性均显著高于盐碱对照，在 A3 处理下活性达到最大，较盐碱对照处理高出 43.56%（XY335）和 50.27%（JY417）。表明施用木霉菌能够有效提高盐碱胁迫下土壤磷酸酶活性，促进土壤磷素的转化和利用。

2.3.7　木霉菌对玉米幼苗根际土壤蔗糖酶活性的影响

土壤蔗糖酶对土壤中养分转化利用及碳循环具有非常重要的作用，其活性

能够反映土壤中有机碳在土壤中的转化和分解。由图2-6可知，草甸土对照

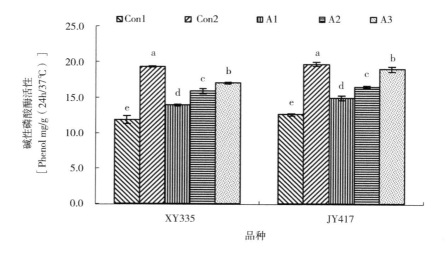

图2-5　木霉菌对玉米幼苗根际土壤碱性磷酸酶活性的影响

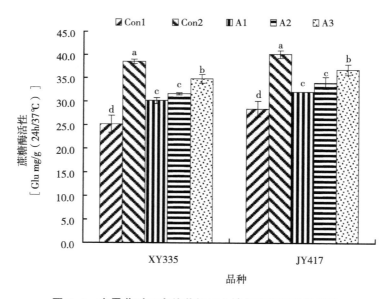

图2-6　木霉菌对玉米幼苗根际土壤蔗糖酶活性的影响

（Con2）处理在各处理间土壤蔗糖酶活性均较高，而盐碱土对照（Con1）处理下土壤酶活性显著低于其他处理（$P<0.05$），JY417 的酶活性高于 XY335。施用木霉菌后，显著提高了土壤蔗糖酶活性，不同浓度处理下均显著高于盐碱对照处理，A3 浓度处理下达到最大，较对照处理高出 38.16%（XY335）和 29.46%（JY417），但两品种间比较，不同浓度处理下 JY471 的酶活性高于 XY335，表明盐碱胁迫下对 XY335 根际土壤蔗糖酶抑制比较严重，而 JY417 表现出较好的抗胁迫能力，因此木霉菌对 XY335 的蔗糖酶活性缓解效果相对较好。

2.3.8　木霉菌对玉米幼苗根际土壤过氧化氢酶酶活性的影响

土壤过氧化氢酶活性能够分解土壤生物呼吸和生化反应产生的 H_2O_2，缓解其对土壤中植株根系的毒害。由图 2-7 可知，碱化草甸土对照（Con2）处理下过氧化氢酶活性显著高于其他处理（$P<0.05$），而盐碱对照（Con1）处理下酶活性则显著低于其他处理，且 JY417 的酶活性高于 XY335。施用木霉菌后，不同浓度处理均显著提高了两品种的过氧化氢酶活性，且随木霉菌浓度的升高过氧化氢酶活性越大，且显著高于 Con1 处理，且在 A3 处理下达到最大，较盐碱对照处理

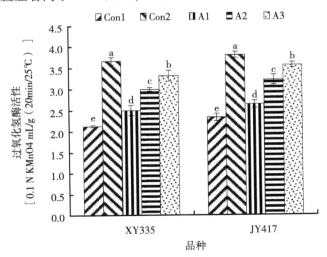

图 2-7　木霉菌对玉米幼苗根际土壤过氧化氢酶活性的影响

高出 55. 34% （XY335） 和 52. 85% （JY417），XY335 的增幅大于 JY417。

2.4 讨 论

盐碱土壤恶劣的理化性质是其对植物最直接的伤害。土壤 pH 值高、水溶性盐分聚集等是盐碱土壤最大特点，从而导致盐碱土壤的理化性质恶化，土壤有机质分解加快，土壤养分贫瘠，使植物在盐碱土壤上无法生长。目前，应用木霉菌对土壤进行改良的研究得到大家的广泛关注。Vinale 等[123-124] 发现，一些木霉菌属菌株在代谢过程中能够产生一些有机酸物质，而这些酸性物质对土壤的 pH 值具有一定的缓冲作用。

土壤水溶性盐分含量能够在一定程度上反映土壤的盐碱化程度，当土壤水溶性盐分含量较高时，土壤的 pH 值也会随之升高。土壤盐碱化严重的情况下，作物的根部细胞会因为外界渗透压变大而导致细胞大量失水死亡，导致缺苗而减产[125]。本试验结果发现，盐碱对照可溶性盐分含量较高，导致土壤 pH 值和 SAR 值均较高，施用木霉菌后，不同浓度处理下土壤 Na^+、HCO_3^-、Cl^-、SO_4^{2-} 含量显著低于盐碱对照处理，而 Ca^+、Mg^{2+}、K^+ 含量显著高于盐碱对照处理，且木霉菌浓度越高，离子间含量差异性越大，同时木霉菌处理还显著降低了土壤 pH 值和 SAR 值，从而减轻高浓度 Na^+ 对玉米幼苗的毒害，这与木霉菌自身的生防机制有关，同时可能由于施用木霉菌促进了土壤中微生物的代谢过程，使土壤中有机质经过微生物的生化代谢形成腐殖质，腐殖质在一定程度上能够吸附土壤中的高浓度盐分离子；同时木霉菌还能够改善盐碱土壤的化学结构，提高盐碱土壤的渗透性，促进盐碱土壤的水盐平衡，从而降低了盐碱土壤中的盐分积累，使土壤 pH 值降低；研究同时发现，不同品种间土壤可溶性盐分含量有所不同，JY417 好于 XY335，这说明不同基因型品种在生长发育过程也会吸收部分的盐类物质合成自身产物。

土壤有机质是土壤的重要组成部分，是土壤中各种营养元素的主要来源。同时它还可以吸附土壤中的阳离子，从而使土壤具有一定缓冲性。土壤中速效养分含量可以反映土壤近期内养分供应情况及释放效率，因此可以用土壤中速效养分含量来评定土壤的肥沃程度。前人研究发现，向土壤中施用木霉菌后能够显著提高土壤中的养分含量[107]。同时木霉菌具有溶解磷酸盐的能力，从而能够起到提高土壤肥力的作用[109]。木霉菌能够有效地改善土壤结构，增加土壤中的有机质含量，提高植物对土壤速效养分的吸收能力[110]。本研究发现，盐碱对照处理显著降低了两品种的根际土壤有机质和速效养分含量，施用木霉菌后，不同浓度处理均显著提高了根际土壤有机质和速效养分含量，且土壤有机质和速效养分含量随浓度的提高而逐渐升高。试验同时发现，木霉菌处理下速效磷含量较碱解氮和速效钾含量增幅较大，这与前人研究中发现木霉菌能够将土壤中难溶性无机磷转化为有效磷的结果相一致[90]；同时木霉菌提高了土壤氮素含量，这可能与木霉菌处理下微生物的固氮作用有关。不同品种间比较发现，JY417根际土壤有机质和速效养分均高于XY335，这表明木霉菌与不同基因型品种根系的相互作用有所不同，从而对两品种的根际土壤理化性质产生不同的影响。

土壤酶与土壤微生物具有非常密切的关系，因此研究土壤微生物活性时可以通过土壤酶活性来表征。土壤微生物数量和活性受盐碱胁迫的影响非常显著，盐碱胁迫能够大幅度降低微生物分泌酶的数量[126]；同时，盐碱胁迫还会抑制作物根系生长，降低根系活性，从而影响土壤酶的活性和功能[127]。研究表明，土壤微生物的代谢酶类与土壤微生物数量具有一定的相关性[128]。当土壤中的微生物数量提高时，土壤酶活性也会随之增强[122]。本试验施用木霉菌后，显著改变了根际土壤酶活性。土壤酶活性对土壤养分的转化及循环均起着非常重要的作用[129]。前人在研究木霉菌对不同植物根际土壤酶活性的影响中发现，木霉菌显著的促进根际土壤酶活性[130]。本研究发现，盐碱胁迫显著抑制土壤中4种酶的活性，而施用木霉菌后显著提高了这4种酶活性，随着木霉菌施用浓度的提高，4种酶活性逐渐增加，且不同浓度处理间酶活性有所差异。试验结果表明施用木霉菌可以促进植株根系的生长，增加根系分泌物，促进土壤酶代谢，从而增加土壤养分含量，为植株生长提供营养物质。

2.5　小　结

盆栽试验表明，盐碱胁迫（Con1）下，JY417和XY335品种根际土壤盐分含量、pH 值及 SAR 值均不同程度的增加，降低了土壤有机质和速效养含量，降低了土壤酶活性。施用木霉菌后能够有效调节 XY335 和 JY417 根际土壤离子平衡，降低土壤 pH 值和 SAR 值，同时对土壤中有机质和速效养分含量具有显著的提升作用，显著提高了作物根际土壤酶活性，1×10^9 spores/L 浓度处理下效果最好。

3 木霉菌对玉米幼苗活性氧代谢的影响

3.1 前 言

植株在遭遇盐碱胁迫时，体内活性氧（ROS）大量产生，引起其体内脂质的逐步过氧化和抗氧化酶活性的改变[131]，植物在遭受连续的氧化胁迫时，会诱导体内自身的抗氧化防御系统来应对氧化损伤[132]。盐碱胁迫下，玉米植株会遭受活性氧伤害，使细胞膜质发生过氧化损伤，从而导致细胞内的氧自由基清除酶活性发生改变，而硫代巴比妥酸反应物（TBARS）含量上升[133]，由于 ROS 的破坏作用，植物自身体内存在缓解 ROS 损伤的抗氧化系统，抗氧化系统能够有效地清除植物细胞中过量 ROS，对于维持细胞内的氧化还原平衡具有重要意义，同时细胞内会主动积累一些离子及渗透调节物质，降低细胞渗透势和水势，使细胞能够继续从外界环境吸水，保证植物在逆境条件下的正常生长[134]。

前人研究表明，盐碱胁迫施用木霉菌能够显著促进种子的萌发，同时调节植株渗透保护作用和氧化响应基因的表达，提高对盐碱胁迫的耐受性[135-136]。Rawat 等[137]的研究也表明，经木霉菌处理后的植物抗氧化酶活性等参数均有不同程度的提高，显著缓解了植株在盐碱胁迫条件下受到的生理损伤。Li[138]等的研究也表明，木霉菌能有效提高植株体内 Ca^{2+}、K^+ 等离子的含量，并降低 Na^+ 离子的浓度，缓解盐害对植物的影响。木霉菌通过增强的根系发育，产生渗透物质（L-脯氨酸和 AsA）和 Na^+ 消除改善了盐胁迫下拟南芥幼苗的生长[139]。

本章主要分析木霉菌在缓解寒地盐碱土对玉米幼苗胁迫中的作用，同时侧重于在抗氧化系统水平探究木霉菌缓解寒地盐碱土胁迫的机制，揭示与木霉菌调节植物盐碱应激反应有关的渗透压保护机制、ROS 清除机制，以期为阐明木霉菌增强玉米幼苗抗逆性的作用和确定木霉菌最佳诱导浓度提供参考依据。

3.2　材料与方法

3.2.1　试验材料与设计

同 2.2.1。

3.2.2　盆栽样品采集与预处理

于玉米幼苗期施用木霉菌 27d 后，对各处理盆栽生长状况进行拍照，然后将玉米的叶片去除中脉，根系蒸馏水清洗数次，然后吸干根系表面的水分，将一部分鲜根系用于根系活力、根系体积及根系表面测定；将其余处理好的叶片和根系的材料于液氮中速冻，保存于-80℃冰箱中，用于相关酶活性指标测定。

3.2.3　指标测定

3.2.3.1　玉米幼苗生长指标的测定

分别取各处理中长势一致的植株幼苗 5 株，测定株高，然后将植株分成地上和地下部分，分别测量地上和地下部分的鲜重，并在 105℃下杀青 30min，于 80℃烘至恒重，称干重，取样品粉碎备用，计算每株幼苗叶片和根系相对含水量 RWC（%）计算公式如下。

$$RWC（\%）= [（鲜重-干重）/鲜重] \times 100$$

3.2.3.2　Na$^+$、K$^+$、Ca^{2+}含量测定

Na$^+$、K$^+$离子含量的测定参照 Allen 等[140]方法并改进。取 0.1g 植物烘干样品，加 5mL H$_2$SO$_4$，1mL H$_2$O$_2$，沙浴 2h，进行消煮，直至样品液体变至无色透明，然后用蒸馏水定容至 100mL，用原子吸收分光光度计（TAS-990 Super，普析通用）测定 Na$^+$、K$^+$离子含量。Ca^{2+}含量测定参照 Zarcinas[141]的方法并改进，

取 0.2g 烘干样品，加 5mL HNO_3 过夜，再加 5mL HNO_3、1.5mL $HClO_4$，沸水浴 4h，电炉 200℃消煮至近干，用 0.1mol/L 稀 HNO_3 冲洗 4 次，然后用蒸馏水定容至 20mL 或 10mL，用原子吸收分光光度计（TAS-990 Super，普析通用）测定 Ca^{2+} 浓度。

3.2.3.3　组织化学染色观察 O_2^- 积累情况

参照 Zhang 等[142]的方法进行：将玉米叶片浸没在 2mM 氮蓝四唑（NBT，用含有 10mM NaN_3 的 20mM 的磷酸缓冲液配置，pH 值 6.1）溶液中，抽真空 3h。叶片组织在含有 75%乙醇和 5%甘油（4:1）的混合溶液中煮沸去除叶绿素之后观察拍照。

3.2.3.4　H_2O_2 含量测定

参照 Velikova[143]的方法测定 H_2O_2，取叶片 0.5g，加入 5mL 0.1% 三氯乙酸冰浴研磨，12 000r 于 4℃离心 15min，取 1~2mL 上清液加入 0.5mL 10mmol/L 磷酸钾缓冲液（pH 值 7.0）及 1mL 1mol/L KI 于 390nm 处比色，用 1mL 0.1%三氯乙酸代替上清液作为对照。

3.2.3.5　TBARS 含量测定

参照 Hodges 等[144]的方法测定 TBARS，取 0.5g 叶片，加入 5mL 5%的三氯乙酸研磨成匀浆，于 12 000r/min 离心 15min，取 2mL 上清液加入 2mL 含 0.5%硫代巴比妥酸的 20% TCA 溶液，沸水浴 15min，上清液分别于 450nm、532nm、600nm 处比色。

3.2.3.6　O_2^- 含量测定

参照 Puyang 等[145]的方法测定。称取新鲜叶片和根系 0.5g，加入 2mL 磷酸缓冲液（pH 值 7.8）冰浴研磨成匀浆，提取液于 5 000r、4℃下离心 10min。取 1mmol/L 上清液，加入 1mL 1mmol/L 盐酸羟胺，混匀后 25℃下反应 20min 后取上清于加入 0.2mL 170mmol/L 的对氨基苯磺酸和 0.2mL 70mmol/L α-萘胺，25℃反应 20min，加入等体积乙醚后摇匀，1 500r/min 离心 5min，取粉红色水相在 530nm 下比色。用 $NaNO_2$ 做标准曲线，样品中 O_2^- 含量根据标准曲线计算。

3.2.3.7　可溶性糖含量测定

采用蒽酮比色法测定可溶性糖含量，取 0.05g 烘干样品，加入 10mL 蒸馏水，沸水浴反应 20min，将上清液倒入 100mL 容量瓶，定容至刻度。取 1mL 待测液加 5mL 蒽酮试剂，煮沸 10min，测定 620nm 吸光值。

3.2.3.8 游离脯氨酸含量测定

参照 Bates 等[146]方法测定游离脯氨酸，取 0.1g 烘干样品，加入加 5mL 3% 的磺基水杨酸溶液研磨，于 3 000r 离心 5min，取 2mL 上清液加 2mL 冰醋酸及 2mL 酸性茚三酮试剂，沸水浴 0.5h，冷却后加入 4mL 甲苯，上清液分别于 520nm 处比色。

3.2.3.9 抗氧化酶活性测定

称取样品 1g 左右，放入预冷的研钵中，用 10mL 预冷的提取缓冲液研磨匀浆，15 000r/min 于 4℃ 离心 20min，上清液即为酶粗提液。可溶性蛋白含量参照 Bradford[147]方法测定。

SOD 活性测定：参照 Giannopolitis 和 Ries[148]的方法并改进。反应体系 3mL 含 50mmol/L 磷酸钾缓冲液（pH 值 7.8），75μM 氮蓝四唑，2μmol/L 核黄素，13mol/L 甲硫氨酸，0.1mmol/L $EDTA-Na_2$，100μL 酶粗提液，振动后置于智能光照培养箱内照光 30min，调零对照管不照光，于 560nm 处比色。

POD 活性测定：参照 Hernandez[149]的方法并改进，反应混合液包含 100mmol/L pH 值 6.0 的磷酸钾缓冲液，愈创木酚，30% 的 H_2O_2。测定时取反应混合液 3mL，研磨液 1mL 作为对照调零，另外加入反应混合液 3mL，以粗酶液 1mL 启动反应，每隔 30s 读出 OD470 的增加值，时间段取 30~90s，比色用蒸馏水调零。

GPX 活性测定：参照 Egley[150]的方法并改进。反应混合液 3mL 含 50mmol/L 磷酸钾缓冲液（pH 值 7.0），0.1mmol/L EDTA，5mmol/L 愈创木酚，15mmol/L H_2O_2，100μL 酶粗提液。每隔 30s 读出 OD470 的增加值，时间段取 30~90s，对照以酶提取缓冲液代替酶粗提液作为对照，用蒸馏水调零。

CAT 活性测定：参照 Aebi[151]的方法并改进，一组管分别加入粗酶液 0.2mL，磷酸钾缓冲液 1.5mL，蒸馏水 1mL 作为对照，沸水浴 1~2min 杀死酶液并冷却；另一组管分别加入上述试剂，测定时加入 0.3mL 0.1mol/L 的 H_2O_2，加完立即计时，每隔 1min 读出 OD240 的减小值，共测定 4min，蒸馏水调零。

APX 活性测定：参照 Nakano 和 Asada[152] 的方法并改进。反应混合液 3mL 含 1.5mL 50mmol/L 磷酸钾缓冲液（pH 值 7.0），0.1mL 15mmol/L ASA，0.3mL 1mmol/L H_2O_2，1mL 蒸馏水，最后加 100μL 酶粗提液以启动反应，每隔 10s 读出 OD290 的减少值，时间段取 10~60s，对照以酶提取缓冲液代替酶粗提液，比色时用蒸馏水调零。

GR 活性测定：参照 Schaedle[153] 方法并改进。反应混合液 3mL 含 50mmol/L 磷酸钾缓冲液（pH 值 7.8），2mmol/L EDTA-Na$_2$，0.15mmol/L NADPH，0.5mmol/LGSSG，100μL 酶粗提液。最后加 NADPH，以启动反应。每隔 60s 读出 OD340 的增加值，每隔时间段取 1~3min，以预冷的酶提取缓冲液代替酶粗提液作为对照，比色时用蒸馏水调零。

3.2.3.10　抗坏血酸含量测定

取 0.5g 叶片，加入 2.5mL 5% 磺基水杨酸研磨匀浆，4℃ 下 20 000r 离心 20min，上清液用于 ASA 及 GSH 含量的测定。

参照 Fryerd 等[154] 方法测定 ASA 及 DHA，取 100μL 上清液加入 1.84mol/L 三乙醇胺 24μL 以中和待测液，加入 250μL 磷酸缓冲液，加入 10mmol/L DTT 50μL，25℃ 保温 10min，使得 DHA 还原为 ASA，加入 0.5% 乙基马来酰亚胺 50μL，混匀，以除去剩余的 DTT，此时加入 200μL 10%TCA，44%磷酸，4%双吡啶，混匀，最后加 100μL 的 3% FeCl$_3$，混匀，40℃ 水浴 1h，于 525nm 处测定吸光值。此处测定的是总抗坏血酸（ASA+DHA）。ASA 的测定则用蒸馏水代替 DTT 和乙基马来酰亚胺即可。

3.2.3.11　谷胱甘肽含量测定

参照 Nagalakshmi 和 Prasad[155] 方法测定 GSH 及 GSSG，取 50μL 上清液，用 5%的磺基水杨酸定容至 100μL，加入 24μL 三乙醇胺（1.84mol/L）以中和待测液，加入 50μL10%乙烯吡啶，25℃ 水浴 1h，以除去 GSH，然后加入 706μL 磷酸缓冲液，加入 20μL NADPH（10mol/L）和 80μL 二硫代硝基苯甲酸（12.5mol/L），混匀，25℃ 保温 10min 后，加入 20μL GR（50U/mL），总体积达到 1mL，立即混匀，在

412nm 处读取吸光值。此法用来测定 GSSG。总的谷胱甘肽（GSH+GSSG）的测定，需把上述乙烯吡啶用等体积蒸馏水替换即可。

以上抗氧化酶活性以每毫克蛋白质所具有的酶活力单位数表示（U/mg），玉米幼苗生长周期为 27d。

3.2.3.12　根系特性测定

用 TTC 法测定不同处理根系活力。用排水法测定根系总体积，用亚甲蓝吸附法测定根系表面积。

3.2.4　统计分析

用 Excel 2013 对数据进行整理，SPSS 21.0 软件进行单因素方差分析，采用 Duncan 检验法进行多重比较及差异显著性分析，本章图表数据均为 3 次重复结果的平均值。

3.3　结果与分析

3.3.1　木霉菌对盐碱胁迫下玉米幼苗生长发育及 Na^+、K^+、Ca^{2+} 含量的影响

施用木霉菌后 22d，玉米幼苗生长到三叶一心，木霉菌处理的叶片大小显著好于盐碱胁迫（Con1）处理，盐碱胁迫（Con1）下叶片出现明显的失绿发黄，随木霉菌菌液浓度的增加叶片持绿性逐渐增强（彩图 1）。盐碱胁迫（Con1）下玉米叶片受害程度严重，出现明显的萎蔫，两品种玉米幼苗株高、地上部干重及叶片含水量较对照（Con2）分别下降 42.16%、49.42% 和 4.92%（XY335）；39.11%、43.76% 和 4.58%（JY417）。而木霉菌处理下叶片萎蔫程度逐渐减轻，显著缓解叶片的受害程度，木霉菌处理下玉米地上部干重和株高显著高于盐碱胁迫（Con1），且随菌液浓度提高而显著增加，在 $1×10^9$ spores/L 浓度下地上部干重、株高及叶片含水量分别提高了 91.31%、55.93% 和 4.72%（XY335）；74.40%、39.42% 和 4.20%（JY417）（表 3-1）。

表 3-1　木霉菌对盐碱土玉米幼苗生长的影响

品种	处理	株高（cm/株）	地上干重（cm/株）	叶片含水量（%）	地下干重（cm/株）	根系含水量（%）
XY335	Con1	19.667±1.527e	0.069±0.001d	87.024±1.328c	0.050±0.003c	81.892±1.002d
	Con2	34.000±0.500a	0.137±0.003a	91.527±0.117a	0.083±0.003a	90.079±0.395a
	A1	24.867±2.511d	0.088±0.001c	88.849±0.559bc	0.059±0.001b	84.778±0.103c
	A2	28.167±1.041c	0.106±0.005b	90.052±0.532b	0.066±0.003b	86.887±0.265b
	A3	30.667±0.764b	0.133±0.003a	91.129±0.119a	0.079±0.003a	89.245±0.528a
JY417	Con1	22.833±0.577e	0.083±0.001d	87.942±0.316c	0.057±0.005d	83.131±1.114d
	Con2	37.500±0.866a	0.148±0.002a	92.164±0.047a	0.088±0.005a	90.199±0.601a
	A1	26.933±2.065d	0.099±0.002c	89.298±0.330c	0.065±0.004c	85.537±0.994c
	A2	29.667±0.289c	0.125±0.011b	90.201±0.891b	0.076±0.003b	88.104±0.400b
	A3	31.833±1.041b	0.145±0.003a	91.639±0.133a	0.081±0.002b	90.535±0.127a

　　由彩图 2 可以看出，施用木霉菌后 22d 时，木霉菌处理的根系长势显著好于盐碱胁迫（Con1）处理，各处理根系长度随菌液浓度的增加而增加，根系干重较盐碱胁迫（Con1）最大提高了 57.97%（XY335）和 43.53%（JY417），同时根系含水量最大提高了 8.98%（XY335）和 8.91%（JY417）（表 3-1），显著缓解盐碱胁迫（Con1）对玉米根系伸长的抑制，增强根系的生长活力。

　　由表 3-2 可知，施用木霉菌后 22d 时，对玉米根系体积、根系表面积及根系活力进行测定发现，盐碱胁迫显著降低了不同品种玉米根系特性（$P<0.05$）。施用木霉菌后，不同浓度处理下均显著提高了两个品种玉米根系特性，有效缓解盐碱胁迫对根系造成的损伤，且随着木霉菌浓度增加而效果越明显，其中 A3 浓度处理显著好于其他浓度。

表 3-2　木霉菌对盐碱土玉米幼苗生长的影响

品种	处理	根系体积（cm³/株）	根系表面积（m²/株）	根系活力（mg/g/h）
XY335	Con1	17.97±0.31e	9.88±0.17e	10.72±0.52d
	Con2	41.05±0.41a	22.58±0.22a	26.97±1.22a
	A1	27.29±0.60d	15.01±0.33d	14.30±1.09c
	A2	30.95±0.55c	17.02±0.30c	15.50±1.14c
	A3	34.47±0.75b	18.96±0.41b	20.06±1.95b

（续表）

品种	处理	根系体积 （cm³/株）	根系表面积 （m²/株）	根系活力 （mg/g/h）
JY417	Con1	20.06±1.56e	11.03±0.86e	13.52±0.36e
	Con2	43.10±1.13a	23.70±0.18a	28.96±1.17a
	A1	29.58±0.84d	16.27±0.46d	16.69±0.91d
	A2	34.38±1.08c	18.91±059c	19.50±1.26c
	A3	39.56±0.95b	21.76±0.52b	22.42±2.33b

由表 3-3 可知，盐碱胁迫（Con1）下，JY417 和 XY335 玉米幼苗根系和叶片 K^+ 和 Ca^{2+} 含量均显著低于对照草甸土（Con2），而 Na^+ 的含量则显著高于草甸土对照（Con2）；叶片中 K^+ 和 Ca^{2+} 含量高于根系，而 Na^+ 的含量则低于根系，盐碱胁迫显著降低了叶片和根的 K^+/Na^+ 和 Ca^{2+}/Na^+ 的比值。施用木霉菌后，显著提高了 JY417 和 XY335 玉米的叶片和根系 K^+ 和 Ca^{2+} 含量，且随菌液浓度的增加含量越大，根系增加幅度大于叶片，1×10^9 spores/L 浓度显著高于其他处理，同时木霉菌处理显著降低 JY417 和 XY335 叶片和根系的 Na^+ 含量，其中根系的 Na^+ 含量大于叶片，从而减轻对叶片的离子毒害，JY417 和 XY335 间叶片和根系 K^+/Na^+ 和 Ca^{2+}/Na^+ 的比值在木霉菌处理下均显著提高（图 3-1）。

表 3-3　木霉菌对盐碱土玉米叶片及根系离子含量的影响

取样部位	处理	XY335			JY417		
		Na^+ （mg/kg）DW	K^+ （mg/kg）DW	Ca^{2+} （mg/kg）DW	Na^+ （mg/kg）DW	K^+ （mg/kg）DW	Ca^{2+} （mg/kg）DW
叶	Con1	28.128±0.232a	11.759±0.799e	3.188±0.054e	24.179±0.421a	15.649±0.612e	3.421±0.058e
	Con2	8.857±0.194e	44.094±1.755a	4.212±0.017a	8.201±0.210e	47.727±2.439a	4.342±0.035a
	A1	21.630±0.947b	22.537±2.318d	3.556±0.054d	19.071±0.111b	25.642±0.806d	3.645±0.063d
	A2	15.274±0.378c	30.265±1.524c	3.735±0.055c	14.738±0.144c	34.675±2.979c	3.806±0.050c
	A3	13.007±0.304d	37.749±1.532b	3.850±0.034b	11.844±0.631d	41.548±0.360b	3.990±0.042b
根	Con1	36.605±0.279a	6.631±1.009d	2.233±0.039d	31.868±0.456a	8.394±0.759e	2.436±0.025e
	Con2	12.962±0.273e	33.925±4.445a	3.148±0.010a	11.917±0.228e	38.938±1.369a	3.206±0.037a
	A1	28.080±0.342b	15.324±2.185c	2.698±0.092c	26.811±0.063b	18.279±1.066d	2.711±0.078d
	A2	23.014±0.440c	22.986±1.492b	2.847±0.084b	22.318±0.282c	26.599±2.446c	2.900±0.033c
	A3	20.747±0.231d	30.516±1.363a	2.933±0.084b	19.118±0.407d	33.293±1.919b	3.016±0.087b

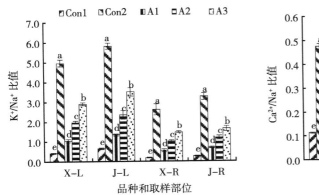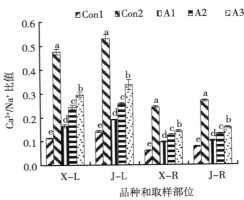

图 3-1 木霉菌对盐碱土玉米叶片及根系离子含量比值的影响

注：图中 X-L 和 X-R 表示先玉 335 的叶片和根系，J-L 和 L-R 表示江育 417 的叶片和根系；Con1、A1、A2、A3 分别代表盐碱土中浇入 0spores/L、1×10^3 spores/L、1×10^6 spores/L、1×10^9 spores/L 浓度的孢子悬浮液，Con2 为碱化草甸土对照，处理之间字母相同者表示无差异显著性（$P < 0.05$），短线代表标准误，下同

3.3.2 木霉菌对盐碱胁迫下玉米幼苗 ROS 的积累及脂质过氧化的影响

NBT 染色可显示植物组织中 O_2^- 积累情况，由彩图 3 可以看出，与盐碱胁迫（Con1）相比，不同木霉菌处理间，随着菌液浓度的增加，玉米叶片蓝色逐渐变浅，表明木霉菌使玉米叶片中的 O_2^- 含量逐渐减少，且 XY335 比 JY417 颜色深，表明不同基因型品种受盐碱胁迫程度不同。

盐碱胁迫（Con1）下，不同基因型玉米叶片和根系中的 TBARS 和 H_2O_2 含量及 $O_2^- \cdot$ 含量均显著高于对照草甸土（Con2），且叶片各处理中 TBARS 和 H_2O_2 的含量及 $O_2^- \cdot$ 含量高于根系。施用木霉菌后降低了各处理叶片和根系中 H_2O_2 和 O_2^- 的积累，缓解了盐碱胁迫诱导的膜质过氧化，从而使 TBARS 的积累量显著降低（图 3-2），其中 1×10^9 spores/L 菌液处理效果显著高于其他处理，这表明土壤中施用木霉菌后能提高不同基因型玉米对盐碱胁迫的抗性，尤其对品种 XY335 更为明显。同时表明叶片中 H_2O_2、O_2^- 含量降低幅度高于根系，因此叶片中 TBARS

的降低幅度也随之高于根系（对叶片的保护作用高于根系）。

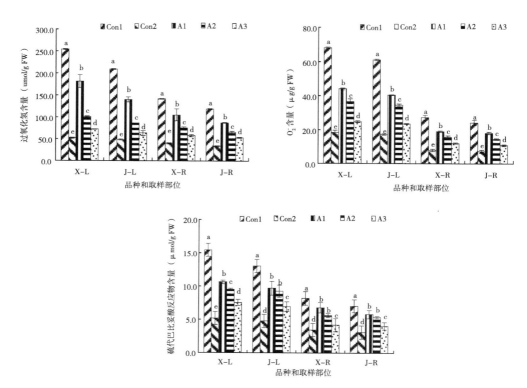

图3-2 木霉菌对盐碱土玉米幼苗叶片及根系 ROS 的积累及脂质过氧化的影响

3.3.3 木霉菌对盐碱胁迫下玉米幼苗抗氧化酶活性的影响

由图 3-3 可知，盐碱胁迫（Con1）玉米叶片的 SOD、APX、GPX、GR 和 POD 的活性均显著降低（$P<0.05$），显著低于对照草甸土（Con2），但 CAT 的活性变化规律略有不同，盐碱胁迫（Con1）下，叶片 CAT 酶活性升高，且显著高于其他处理。各处理根系的抗氧化酶活性的变化规律与叶片有所不同，根系中 SOD、POD、APX、GPX、GR 和 CAT 活性在盐碱胁迫下呈升高趋势，显著高于对照草甸土（Con2），不同品种及不同器官间酶活性的含量也表现出不同差异，

叶片中各处理的 SOD 和 CAT 活性高于根系，而 GR、GPX、APX、POD 的活性低于根系。施用木霉菌后，叶片和根系的 SOD、APX、GPX、GR 的活性均被提高，且整体表现为随菌液浓度增加而活性升高，除个别低浓度菌液处理酶活性与盐碱土胁迫（Con1）差异不显著外，其余处理均显著高于盐碱土胁迫（Con1），且 1×10⁹ spores/L 浓度处理始终表现最好，叶片和根系的 CAT 则表现为木霉菌处理显著低于盐碱土胁迫（Con1），而叶片与根系 POD 活性变化规律表现相反，不同浓度木霉菌处理提高叶片中 POD 活性，显著高于盐碱土胁迫（Con1），而根系中则显著低于盐碱土胁迫（Con1）。

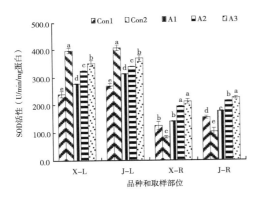

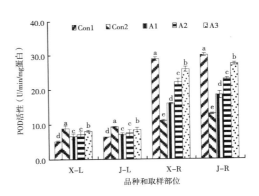

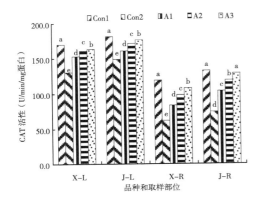

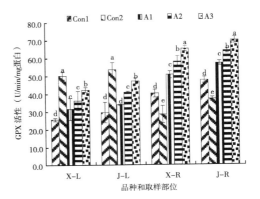

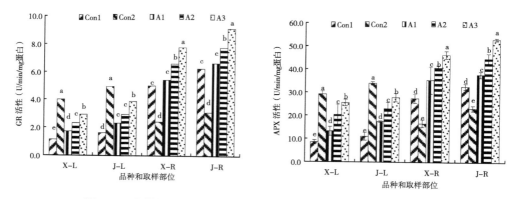

图3-3 木霉菌对盐碱土玉米幼苗叶片及根系抗氧化酶活性的影响

3.3.4 木霉菌对盐碱胁迫下玉米幼苗非酶抗氧化物含量的影响

由表3-4和表3-5可知,与对照草甸土(Con2)相比,盐碱胁迫(Con1)使不同基因型品种玉米叶片和根系中 ASA/DHA 和 GSH/GSSG 的比值显著降低($P<0.05$),XY335 降低幅度高于 JY417,且盐碱胁迫(Con1)下叶片 ASA/DHA 和 GSH/GSSG 比值的下降幅度高于根系。叶片和根系的总抗坏血酸和总谷胱甘肽的含量在盐碱胁迫(Con1)下比对照(Con2)均表现出显著升高的趋势,同时由表可知,不同处理间的叶片总抗坏血酸含量显著高于根系,而总谷胱甘肽含量却显著低于根系,同时胁迫处理后叶片和根系的 ASA/DHA 比值降低幅度均高于GSH/GSSG。

在施用木霉菌处理后,随着菌液浓度的增加,不同基因型玉米各处理叶片和根系的总抗坏血酸和谷胱甘肽含量,及 ASA/DHA 和 GSH/GSSG 均显著提高,其中 1×10^9 spores/L 浓度菌液对叶片和根系的作用显著高于其他浓度,叶片总抗坏血酸提高和谷胱甘肽提高 2.40 倍和 1.23 倍(XY335),2.37 倍和 1.22 倍(JY417),根系总抗坏血酸和谷胱甘肽提高 2.39 倍和 1.20 倍(XY335),2.33倍和 1.19 倍(JY417),叶片提高幅度高于根系,XY335 高于 JY417。叶片 ASA/DHA 和 GSH/GSSG 比值提高 4.13 倍和 2.74 倍(XY335),3.81 倍和 2.63倍(JY417),根系 ASA/DHA 和 GSH/GSSG 比值提高 3.60 倍和 2.24 倍

（XY335），3.00 倍和 2.09 倍（JY417）。可见施用木霉菌对缓解盐碱胁迫具有较好效果，能够显著提高玉米叶片中非酶抗氧化物质含量及比值，有效减缓 ASA-GSH 循环受到的损伤，提高细胞内的氧化还原势，进而增强细胞抗氧化能力，从而保证植物细胞内的活性氧代谢平衡。

表 3-4　木霉菌对盐碱土玉米叶片及根系总抗坏血酸含量和 **ASA/DHA** 比值的影响

取样部位	处理	XY335		JY417	
		总抗坏血酸 ASA+DHA （μmol/g FW）	ASA/DHA	总抗坏血酸 ASA+DHA （μmol/g FW）	ASA/DHA
叶	Con1	6.46±0.072d	0.35±0.012e	7.19±0.062d	0.43±0.008d
	Con2	5.35±0.101e	3.15±0.041a	5.90±0.038e	3.35±0.233a
	A1	7.22±0.142c	0.51±0.033d	8.82±0.172c	0.71±0.036d
	A2	10.24±0.143b	0.85±0.010c	12.75±0.126b	0.98±0.017c
	A3	15.51±0.220a	1.46±0.035b	17.06±0.359a	1.62±0.017b
根	Con1	4.87±0.069d	3.28±0.148d	5.63±0.091d	4.54±0.406e
	Con2	3.88±0.051e	13.80±0.666a	4.83±0.088e	17.94±0.701a
	A1	6.05±0.038c	4.70±0.532c	6.83±0.122c	5.81±0.501d
	A2	6.94±0.062b	6.29±0.725c	8.03±0.165b	7.38±0.750c
	A3	11.62±0.109a	11.84±0.139b	13.11±0.116a	12.80±0.907b

表 3-5　木霉菌对盐碱土玉米叶片及根系总谷胱甘肽含量和 **GSH/GSSG** 比值的影响

取样部位	处理	XY335		JY417	
		总谷胱甘肽 GSSG+GSH （μmol/g FW）	GSH/GSSG	总谷胱甘肽 GSSG+GSH （μmol/g FW）	GSH/GSSG
叶	Con1	534.84±1.671d	2.05±0.044d	543.44±6.204d	2.20±0.069d
	Con2	509.96±6.323e	5.72±0.052a	517.78±6.776e	5.94±0.028a
	A1	589.02±6.210c	4.42±0.200c	598.14±2.838c	4.60±0.169c
	A2	620.50±10.406b	4.92±0.051b	634.13±7.268b	5.27±0.088b
	A3	654.93±9.373a	5.61±0.060a	664.74±6.075a	5.79±0.066a

（续表）

取样部位	处理	XY335		JY417	
		总谷胱甘肽 GSSG+GSH （μmol/g FW）	GSH/GSSG	总谷胱甘肽 GSSG+GSH （μmol/g FW）	GSH/GSSG
根	Con1	585.98±1.962d	3.16±0.120e	601.11±7.718d	3.58±0.196e
	Con2	550.34±5.161e	7.55±0.113a	568.91±7.358e	8.04±0.310a
	A1	640.15±6.088c	5.36±0.195d	649.27±2.161c	5.66±0.066d
	A2	671.63±9.811b	6.20±0.179c	685.27±7.484b	6.56±0.205c
	A3	706.06±10.395a	7.08±0.183b	715.87±5.308a	7.49±0.107b

3.3.5　木霉菌对盐碱胁迫下玉米幼苗可溶性渗透调节物的影响

渗透调节是作物抗逆反应的重要手段，在渗透调节中，可溶性糖和脯氨酸的含量变化起着重要作用。由图3-4可知，盐碱对照（Con1）处理使叶片和根系中的脯氨酸和可溶性糖含量显著高于草甸土对照（Con2）。施用木霉菌后进一步提高了玉米幼苗叶片和根系的脯氨酸和可溶性糖含量，与盐碱对照（Con1）相比，脯氨酸和可溶性糖增幅随着施用木霉菌浓度的提高而提高，1×10^9 spores/L浓度菌肥处理效果显著高于其他处理，使XY335和JY417的叶片和根系脯氨酸含量提高了60.84%和52.87%，72.70%和71.49%，可溶性糖提高了40.26%和36.18%，47.19%和34.53%；同时发现脯氨酸对盐碱胁迫的缓解效果好于可溶性糖。

3.4　讨　论

在我们的研究中，不同浓度棘孢木霉菌增加了玉米幼苗干重（表3-1）。除了改善玉米生长（例如增加玉米的高度和大小）外，从根系生长状况可以明显看出（表3-1和彩图2），棘孢木霉菌处理促进了根的发育。由于玉米根尖和根表面是养分吸收的场所，木霉菌处理促进玉米幼苗生长的一种机制可能是刺激根系发育，并导致养分吸收增加。根的生长和活力直接影响植物的生长，营养和作

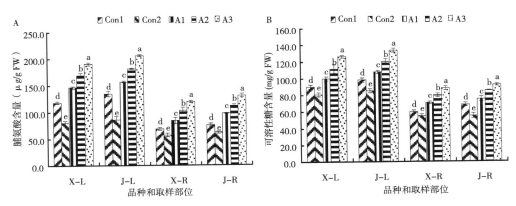

图 3-4 木霉菌对盐碱土玉米叶片及根系可溶性渗透调节物的影响

物产量。根活动是衡量根功能的主要指标之一。因此，我们分析了木霉菌处理下玉米幼苗的根系活力等指标。结果表明，棘孢木霉菌与玉米幼苗具有显著的根际互作，棘孢木霉菌处理增强了不同品种玉米根系特性（表 3-2）。

盐碱胁迫条件下，植株体内会进入并积累大量的盐害离子，植物体内细胞的水分吸收和平衡遭受损害，从而影响植物的正常生长，而植物的根系能够选择性地吸收限制 Na^+ 进入，这样可以帮助 Na^+ 外排和被区隔化，保证植株体内的离子平衡，缓解盐碱伤害，而在植物的耐盐碱性中 K^+、Ca^{2+} 等离子的作用非常重要[156]。本试验结果表明，盐碱胁迫（Con1）严重破坏了 XY335 和 JY417 玉米幼苗叶片和根系的离子平衡。木霉菌处理显著提高了 XY335 和 JY417 的叶片和根系的 K^+ 和 Ca^{2+} 含量，Na^+ 的含量则显著降低，同时提高了 K^+/Na^+ 和 Ca^{2+}/Na^+ 的比值。由此看出，施用木霉菌能够显著提高离子含量，增强与离子平衡调节，减轻离子毒害，从而增强了植株的抗盐碱能力，与前人研究结果有相似[138-139]，同时本试验木霉菌在寒地盐碱胁迫下依然可以较好地生长，促使细胞内离子平衡。

研究结果同时表明，与对照（Con2）相比，XY335 和 JY417 玉米叶片和根系在盐碱胁迫（Con1）下可以诱导渗透调节物质大量积累，起到调节细胞渗透平衡，同时可以作为生物大分子保护剂和清除 ROS 的作用，与 Wang 等试验结果得出盐碱胁迫能够刺激脯氨酸等物质的积累，从而提高番茄的抗盐碱性的结果一致[157]。木霉菌处理下，XY335 和 JY417 叶片和根系中脯氨酸和可溶性糖的平均含量均有所提高，且叶片平均含量高于根系，这说明植物叶片中渗透调节物质的合成和积累更多，从而使其能够更好地从根中获得水分，由于不同品种和不同部位间两者的渗调效应存在一定的差异，整体而言脯氨酸的效果更为明显，且对盐碱敏感品种效果更为明显，这可能是由于木霉菌能够调节及促进植物激素的产生[158]。

盐碱胁迫导致细胞内 ROS 积累，打破植物在正常状态下已经存在的 ROS 动态平衡[76]，使植物体内一些抗氧化酶类活性或还原性物质含量增加，从而在一定范围内启动新的抗氧化防御系统，控制 ROS 的毒害作用。前人研究表明，在受到盐碱胁迫时，植物的抗氧化酶活性有增加的[159-160]，同时也有抗氧化酶活性并不提高的[161]，它们在清除 ROS 中有明确的分工，这也说明高效的抗氧化活性并不一定意味着所有抗氧化酶的活性都升高，反之亦然[162]。通过试验结果发现，根系和叶片抗氧化酶活性在盐碱胁迫下的变化趋势有很多相同之处，同时也有一些不同，盐碱胁迫（Con1）下 XY335 和 JY417 玉米叶片与根系的抗氧化酶活性变化趋势相反，这种变化趋势可能是由于盐碱胁迫导致叶片中产生的 ROS，已经超出了叶片中抗氧化系统所能防御的范围，如 APX、GPX、GR 清除 H_2O_2 的能力降低，导致叶片受到严重伤害[61]，根系的 ROS 含量也有一定的提高，但是增高幅度低于叶片，同时根系还能分泌一些化合物，产生一定的抗性，不至于使根系受到严重的损伤，但叶片和根系的 CAT 活性均表现为升高，这可能是由于 ROS 的大量积累，诱导了 CAT 的产生。然而，前人研究说明 CAT 对 H_2O_2 的亲和力较弱[163]，因此不能把 H_2O_2 的浓度降低到生理水平。

本研究中发现，植株叶片中非酶抗氧化物质的比值都低于根系，这可能与植株中抗氧化酶活性的大小不同有关（图3-3），因为，首先，叶片中 GR 和 APX 的活性均低于根系，从而导致了叶片中非酶抗氧化物质的比值低于根系。其次，叶片中 GSSG+GSH 的含量低于根系（表3-5），这不仅与根系中高的 GR 活性相适应，从而使根系中 ASA-GSH 循环能够正常地进行，也使根系中的 GSSG 和 DHA 快速的转化为 GSH 和 ASA。最后，叶片中总抗坏血酸含量高于根系（表3-4），这表明叶片中的 ASA 对减少体内 ROS 损伤起到了积极的作用，本章试验结果支持以上观点。

木霉菌处理使 XY335 和 JY417 叶片和根系中的 SOD、APX、GPX、GR 活性随菌液浓度的增加而提高，XY335 的增幅高于 JY417，且木霉菌处理显著提高了叶片和根系中总抗坏血酸和谷胱甘肽的含量及 GSH/GSSG 和 ASA/DHA，同时，木霉菌使叶片和根系中的 ROS 含量降低，从而使 TBARS 的积累量也显著降低，且叶片中 ROS 含量和 TBARS 降低幅度高于根系。这些结果表明木霉菌能够有效地提高 XY335 和 JY417 两种玉米幼苗叶片和根系在盐碱胁迫时的抗氧化能力，同时使植物体内的还原态抗坏血酸和谷胱甘肽含量显著增加，降低体内 ROS 对植物膜系统的伤害，其中对叶片的缓解效果好于根系，这与前人研究得出木霉菌处理提高了黄瓜在 NaCl 胁迫下抗氧化酶活性[136]结果相似。施用木霉菌后降低叶片和根系中 CAT 的活性，这进一步证实由于叶片和根系中 H_2O_2 含量降低，从而降低了由 H_2O_2 引发的 CAT 的活性。

本试验结果同样发现，在寒地盐碱土胁迫下，随着木霉菌浓度的增加，玉米幼苗胁迫缓解效果有明显的提高，这表明目前本试验施用浓度为 1×10^9 spores/L 的木霉分生孢子，能够较好地改善玉米幼苗抗盐碱性，这与前人的研究结果相似[115]。前人在研究非生物胁迫对植物生长影响中发现，木霉菌能够通过提高植物抗氧化防御能力来抵抗干旱、盐碱等胁迫，缓解非生物胁迫对植物造成的损伤[164-165]，但是研究方法主要以人工模拟非生物胁迫为主。本研究以寒地盐碱土壤为研究对象，同时不同菌株间解盐促生机制也存在不同，因此本研究木霉菌处理在寒地盐碱土胁迫下对不同基因型品种具有较好的缓解效果，在田间施用木霉菌时可以采用滴灌的方式施入，同时可以在整地时加入木霉菌剂，可以起到改良土壤的效果，从而能够大规模应用于田间，对改良盐碱地及提高盐碱地作物产量具有非常重要的意义。

3.5 小　结

盆栽试验表明，盐碱胁迫下 JY417 和 XY335 品种玉米幼苗的叶片和根系盐害离子含量显著增加，而 K^+ 和 Ca^{2+} 含量显著降低，O_2^- 含量、H_2O_2 含量增加，较高的活性氧水平导致膜脂过氧化程度加剧，使其 TBARS 的积累量明显升高。盐碱处理在一定程度上诱导了抗氧化酶的活性以及渗透调节物质的积累，抑制根系生长。施用木霉菌处理通过提高盐碱逆境下玉米幼苗体内抗氧化酶活性来减少ROS 对膜脂的过氧化损伤并通过提高根系和叶片中的 K^+ 和 Ca^{2+} 的含量，有助于维持主要矿质元素间的平衡，缓解盐碱胁迫的伤害；同时，诱导盐碱胁迫植株体内渗透调节物质的进一步合成或积累来提高细胞的吸水能力，促进了玉米幼苗根系生长特性，从而增强玉米幼苗的盐碱耐性，各处理中菌液浓度 $1 \times 10^9 \, \text{spores/L}$ 表现最佳。

4 木霉菌对玉米幼苗光合特性及氮代谢的影响

4.1 前 言

  植物的光合作用对植物体内生理反应和产量具有非常重要的影响[166]。许多研究发现，盐碱胁迫对植物的光合作用影响最为突出，能够显著降低光合速率，使植物受到严重影响而导致减产甚至死亡[47]，环境逆境胁迫对植物叶片的光系统 Ⅱ（PS Ⅱ）影响较为严重，更容易受到盐碱胁迫的抑制[167-171]。不同耐盐碱植物在盐碱胁迫下叶片的叶绿素含量有显著差异[172]。相关研究结果表明，逆境胁迫会显著抑制叶绿体 Hill 反应活力及 Ca^{2+}–ATP、Mg^{2+}–ATP 酶活性，从而使 ATP 含量减少，且 Ca^{2+}–ATP 比 Mg^{2+}–ATP 酶逆境胁迫更敏感[173]，因此逆境胁迫条件下叶绿体 Ca^{2+}–ATP 和 Mg^{2+}–ATP 酶活性变化对植物正常生长至关重要。

  植物光合作用与氮代谢在植物体内生理过程中具有一定的联系，光合作用和氮代谢可以相互提供对方所需要能源和营养物质。盐碱胁迫会降低或抑制植物对 NH_4^+、NO_3^- 的吸收，从而减少植物体内氮素的积累，而且对 NO_3^- 吸收的抑制作用更大，进而导致 NR 活性下降[62]。研究发现盐碱胁迫下植物 GS 和 GOGAT 活性显著降低，而 GDH 活性则有所升高[34]。相关研究表明，盐碱胁迫使植物体内的 NO_3^- 含量下降，同时使植物的光合作用下降，与光合作用有关的生理指标也相应下降[174]。

  植物在盐碱胁迫下，施用木霉菌能够有效地提高植物的抗逆性，缓解胁迫造成的植物损伤[175-176]。有研究表明，木霉菌通过激活与光合相关的基因表达提高了植株病害胁迫下的光合能力[177]。土壤中存在许多植物不能完全吸收利用的营养元素，木霉菌定殖在植物根部后，通过溶解不溶性或微溶性矿物质，提高植株硝酸还原酶活力，促进植物对矿物质和某些微量元素的吸收力[90]。

本章侧重研究盐碱胁迫下施用木霉菌处理对不同基因型玉米品种的光合特性、Hill 反应活力及 ATPcase 活性的调控，以及玉米幼苗体内主要含氮化合物含量和代谢关键酶活性的影响，以阐明在逆境胁迫下木霉菌对玉米幼苗光合作用的影响，从氮代谢的角度揭示木霉菌对盐碱胁迫下玉米幼苗的缓解机理及光合作用和氮代谢的关系。

4.2 材料与方法

4.2.1 试验材料与设计

同 2.2.1。

4.2.2 盆栽样品采集与预处理

于玉米幼苗施用木霉菌后 27d，测定各处理光合参数和叶绿素荧光，然后将各处理玉米幼苗的叶片和根系用蒸馏水洗 3 次，吸干根系表面的水分，取各处理玉米幼苗第二片完全展开叶片测定叶绿素含量及细胞膜透性，最后将处理好的叶片和根系的材料于液氮中速冻，保存于-80℃冰箱中，用于相关酶活性指标测定。

4.2.3 指标测定

4.2.3.1 光合特性测定

利用 Li-6400XTR 光合仪（Li-COR Inc，USA）测定玉米幼苗第二片完全展开叶的光合作用参数，于 9：00—11：00 am 进行测量，光合测量的叶室条件设置为 1 000mmol 光子/（m² · s）光强，380±10μmol/mol，温度为 25℃±2℃，70%相对湿度。光合速率（Pn）、气孔导度（Gs）、胞间 CO_2 浓度（Ci）、蒸腾速率（Tr）由光合仪直接导出。气孔限制值（Ls）计算公式为 Ls=1-Ci/Ca，瞬间水分利用率（WUE）=Pn/Tr，每个处理测量重复 5 次。

4.2.3.2 叶绿素及叶绿素荧光测定

利用 OS-30p 叶绿素荧光分析仪（Opti-Sciences Inc，USA）测定玉米幼苗第二片完全展开叶的叶绿素荧光特性。暗适应 30min 后读取初始荧光 F_0，待 F_0 稳定后再照射饱和脉冲光，可得最大荧光 F_m，光系统Ⅱ（PSⅡ）最大光化学量子效率计算公式如下。

$$F_v/F_m = (F_m-F_0)/F_m$$

叶绿素（Chlorophyll）含量采用丙酮浸提比色法测定，称取叶片鲜样 0.1g，加入 50mL 叶绿素提取液，置于黑暗处浸提至叶片完全变白，然后分别测定其在 470nm、646nm 和 663nm 下的 OD 值，并依据供试样品质量计算叶片色素含量如下。

$$叶绿素 \ a = 13.95A_{663}-6.88A_{646}$$
$$叶绿素 \ b = 24.96A_{646}-7.32A_{663}$$
$$类胡萝卜素 = (1\,000A_{470}-205 \ 叶绿素 \ a-114.8 \ 叶绿素 \ b)/245$$

4.2.3.3 细胞膜透性

植物膜透性可以通过测定叶片的相对电导率来表示。测定方法如下：每个处理取 4 片叶面积相同的叶片，将其表面用超纯水清洗干净，至少冲洗 3 次，然后放入超纯水封闭的 20mL 大试管中常温浸泡 6h，测定该试管电导率为（EC1），然后将该试管在沸水中 30min，再次测定该试管电导率（EC2），两次电导率值即为电解质外渗率，电导率值 = （EC1/EC2）×100。

4.2.3.4 Hill 反应活性测定

参照 Dickmann 方法稍做改动[178]，去除叶片中脉，称取 0.5g 加入 10mL 预冷的叶绿体制备液，冰浴研磨 1min，滤液在 0℃ 下 3 000r/min 离心 10min，得到叶绿体悬浮液，全部过程均再 0~4℃ 进行。取 0.5mL 叶绿体悬浮液加入 4.5mL 反应液 350μmol 光子/（m² · s）光照 60s，以无光照为对照处理，分别于 600nm 处测定光密度的变化。以 2，6-D 光还原活力表示 Hill 反应活力。

4.2.3.5 叶绿体 Ca^{2+}-ATP、Mg^{2+}-ATP 酶活性测定

叶绿体提取按照 Behera 等[179]的方法。称取 1g 玉米叶片置于研钵中，加入 30mL 预冷的提取介质，迅速研磨成匀浆，用 4 层纱布过滤粗渣，滤液于 4℃ 下 500r/min 离心 1min，将上清液再于 1 000r/min 离心 10min。提取的沉淀悬浮于少

量提取介质中。

Mg^{2+}-ATPcase 活性测定按照 McCarty 和 Racker[180] 的方法，略做改动。0.5mL 激活液（250mmol/L Tris-HCl，500mmol/L NaCl，50mmol/L MgCl$_2$，50mmol/L，DTT），于室温在白炽光 50 000lx 下进行光激活 6min。取 0.5mL 激活液加入反应液（50mmol/L Tris-HCl，5mmol/L MgCl$_2$，50mmol/L ATP）中，37℃下反应 10min，加入 20%TCA 终止反应。测定 ATP 水解的无机磷。

Ca^{2+}-ATPcase 活性测定根据 Shi 等[181] 的方法。0.4mL 叶绿体悬浮液加入反应液（50mmol/L Tris-HCl，5mmol/L ATP，5mmol/L CaCl$_2$，25% CH$_3$H，20mmol/L NaCl）中，37℃中反应 2min，以后操作过程与 Mg^{2+}-ATPcase 测定方法一样。

4.2.3.6 氮代谢指标测定

NO$_3^-$ 和 NH$_4^+$ 含量测定采用 Cataldo[182] 方法测定。硝酸还原酶（NR）、谷氨酸脱氢酶（GDH）、谷氨酰胺合成酶（GS）和谷氨酸合成酶（GOGAT）活性参照 Gangwar 和 Singh 的方法测定[183]，谷氨酸草酰乙酸转氨酶（GOT）和谷氨酸丙酮酸转氨酶（GPT）活性参照 Liang 等的方法测定[184]。可溶性蛋白含量测定参照 Bradford 的方法测定[147]。

以上酶活性以每 mg 蛋白质所具有的酶活力单位数表示（U/mg），玉米幼苗生长周期为 27d。

4.2.4 数据分析

采用 SPSS 21.0 软件进行单因素方差分析，采用 Duncan 检验法进行多重比较及差异显著性分析，本章图表数据均为 3 次重复的平均值。

4.3 结果与分析

4.3.1 木霉菌对盐碱胁迫下玉米幼苗光合参数的影响

与对照（Con2）相比，盐碱胁迫（Con1）下，两个玉米品种的光合速率、蒸腾速率及瞬间水分利用率均显著下降，XY335 和 JY417 分别下降 65.11%、

41.95%、39.9%和57.45%、36.50%、33.04%。与盐碱胁迫（Con1）相比，施用木霉菌处理显著提高了两个玉米品种的光合速率、蒸腾速率和瞬间水分利用率，且随着菌液浓度的增加而逐渐提高，YX335和JY417两个品种在1×10^9 spores/L浓度处理下显著高于其他，比盐碱胁迫（Con1）分别提高了101.94%、36.99%、47.40%和80.56%、29.70%、39.20%（表4-1）。

与对照（Con2）相比，盐碱胁迫（Con1）显著降低两个玉米品种的气孔导度和气孔限制值，两个品种分别下降45.36%、63.34%（YX335）和41.94%、51.60%（JY417），而胞间CO_2浓度则分别升高85.80%和78.44%，表明盐碱胁迫（Con1）对XY335和JY417叶片的光合作用的限制效应可能以非气孔因素为主。与盐碱胁迫（Con1）相比，施用木霉菌后，随着菌液浓度的提高，气孔导变和气孔限制值逐渐提高，1×10^9 spores/L浓度处理下XY335和JY417的气孔导度和气孔限制值分别提高60.83%、48.07%和132.52%、82.52%，这表明施用木霉菌对XY335叶片光合抑制的缓解大于JY417（表4-1）。

表4-1　木霉菌对盐碱土玉米叶片光合特性的影响

处理	净光合速率 [$\mu mol/（m^2 \cdot s$）]		蒸腾速率 [$mmol/（m^2 \cdot s$）]		瞬间水分利用 （$\mu mol/mmol$）	
	XY335	JY417	XY335	JY417	XY335	JY417
Con1	4.529±0.07e	5.792±0.04e	0.506±0.01e	0.566±0.01e	8.957±0.10e	10.234±0.20e
Con2	12.982±0.08a	13.614±0.07a	0.871±0.01a	0.892±0.03a	14.902±0.18a	15.283±0.18a
A1	6.237±0.09d	6.877±0.05d	0.610±0.01d	0.627±0.00d	10.229±0.20d	10.974±0.13d
A2	7.392±0.03c	8.158±0.12c	0.654±0.01c	0.675±0.01c	11.309±0.22c	12.092±0.13c
A3	9.146±0.08b	10.459±0.02b	0.693±0.00b	0.734±0.01b	13.202±0.16b	14.246±0.22b

处理	气孔导度 [$mol/（m \cdot s$）]		胞间CO_2浓度 （$\mu mol/mol$）		气孔限制值 [$mmol/（m \cdot s$）]	
	XY335	JY417	XY335	JY417	XY335	JY417
Con1	0.026±0.00e	0.030±0.00e	321.243±3.44a	282.428±2.26a	0.215±0.01e	0.296±0.02d
Con2	0.047±0.00a	0.051±0.00a	172.897±4.90e	158.274±5.86e	0.586±0.01a	0.611±0.01a
A1	0.030±0.00d	0.034±0.00d	290.074±2.65b	286.168±2.95b	0.398±0.01d	0.305±0.01d
A2	0.036±0.00c	0.039±0.00c	245.596±4.80c	234.144±5.14c	0.398±0.01c	0.429±0.02c
A3	0.042±0.00b	0.044±0.00b	203.230±2.56d	187.911±2.59d	0.500±0.02b	0.540±0.01b

注：表中Con1、A1、A2、A3分别代表盐碱土中浇入0spores/L、1×10^3 spores/L、1×10^6 spores/L、1×10^9 spores/L浓度的孢子悬浮液，Con2为碱化草甸土对照，处理之间字母相同者表示无差异显著性（$P <$ 0.05），短线代表标准误，下同

4.3.2 木霉菌对盐碱胁迫下玉米幼苗光合色素含量及叶绿素荧光参数的影响

由表 4-2 可知，盐碱胁迫（Con1）下，两品种的 Chl a、Chl b、Chl a+b 和 Car 含量均显著低于对照（Con2）处理，分别低 39.58%、68.20%、43.80%、35.71%（XY335）和 33.87%、58.99%、37.70%、32.86%（JY417）。施用木霉菌后，显著提高了两品种的 Chl a、Chlb、Chl a+b 和 Car 含量，且随菌液浓度的升高，光合色素含量显著升高，$1×10^9$ spores/L 浓度处理下光合色素含量升高最显著，较盐碱胁迫（Con1）分别提高 48.48%、151.58%、57.08%、44.20%（XY335）和 33.19%、108.87%、40.77%、39.02%（JY417）。

盐碱胁迫显著影响了两个玉米品种的叶绿素荧光参数。在盐碱胁迫（Con1）下，XY335 和 JY417 的 F_v/F_0、F_v/F_m 较对照（Con2）降低 43.32%、12.80% 和 41.37%、10.94%，这表明，盐碱胁迫下，两品种玉米叶片光合作用发生光抑制或 PSⅡ 系统遭受破坏，且 XY335 受破坏程度大于 JY417。施用木霉菌后，两品种玉米叶片 F_v/F_0、F_v/F_m 均显著提高，随菌液浓度增加而升高，$1×10^9$ spores/L 浓度处理下 F_v/F_0、F_v/F_m 较盐碱胁迫（Con1）分别提高 12.23%、58.12%（XY335）和 9.62%、49.46%（JY417），显著高于其他浓度，说明木霉菌能够有效地增强盐碱胁迫下 PSⅡ 反应中心的光化学活性，提高玉米叶片的光化学效率，对 XY335 的效应更为显著。

表 4-2　木霉菌对盐碱土玉米叶片光合色素含量及叶绿素荧光参数的影响

处理	叶绿素 a 含量 (mg/g FW)		叶绿素 b 含量 (mg/g FW)		叶绿素 a+b 含量 (mg/g FW)	
	XY335	JY417	XY335	JY417	XY335	JY417
Con1	1.523±0.04e	1.735±0.01e	0.139±0.01e	0.193±0.04e	1.662±0.03e	1.929±0.03e
Con2	2.521±0.04a	2.624±0.03a	0.436±0.05a	0.471±0.02a	2.957±0.04a	3.095±0.03a
A1	1.817±0.07d	1.908±0.08d	0.202±0.03d	0.261±0.02d	2.019±0.06d	2.169±0.09d
A2	2.001±0.05c	2.099±0.05c	0.280±0.02c	0.326±0.02c	2.281±0.07c	2.425±0.05c
A3	2.262±0.08b	2.311±0.03b	0.349±0.03b	0.404±0.03b	2.611±0.08b	2.715±0.06b

（续表）

处理	类胡萝卜素含量（mg/g FW）		F_v/F_o		F_v/F_m	
	XY335	JY417	XY335	JY417	XY335	JY417
Con1	0.373±0.02d	0.397±0.02e	2.414±0.23e	2.803±0.23e	0.706±0.02e	0.736±0.02e
Con2	0.580±0.04a	0.591±0.02a	4.259±0.22a	4.781±0.22a	0.810±0.01a	0.827±0.01a
A1	0.435±0.02c	0.474±0.00d	2.995±0.07d	3.322±0.22d	0.750±0.00d	0.768±0.01d
A2	0.485±0.02c	0.511±0.01c	3.460±0.15c	3.725±0.15c	0.776±0.01c	0.788±0.01c
A3	0.538±0.02b	0.552±0.01b	3.817±0.12b	4.190±0.04b	0.792±0.01b	0.807±0.00b

4.3.3 木霉菌对盐碱胁迫下玉米叶片相对电导率的影响

由图4-1可以看出，与对照（Con2）相比，盐碱胁迫（Con1）下XY335和

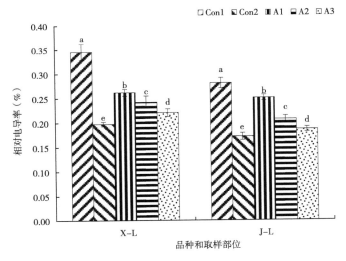

图4-1 木霉菌对盐碱土玉米叶片相对电导率的影响

注：图中 X-L 表示先玉 335 的叶片，J-L 表示江育 417 的叶片；Con1、A1、A2、A3 分别代表盐碱土中浇入 0spores/L、$1×10^3$ spores/L、$1×10^6$ spores/L、$1×10^9$ spores/L 浓度的孢子悬浮液，Con2 为碱化草甸土对照，处理之间字母相同者表示无差异显著性（$P<0.05$），短线代表标准误，下同

JY417 的叶片相对电导率显著增加（*P*<0.05），施用木霉菌后，XY335 和 JY417
的叶片相对电导率显著降低。与对照（Con2）相比，JY417 比 XY335 抗盐碱性
强，因为盐碱胁迫（Con1）下两品种叶片相对电导率增幅分别为 64.02%
（JY417）和 75.23%（XY335），施用木霉菌后能够有效维持盐碱胁迫下玉米细
胞膜结构的稳定性，对 XY335 的缓解效果好于 JY417。

4.3.4　木霉菌对盐碱胁迫下玉米幼苗叶片 Hill 反应活力的影响

如图 4-2 所示，盐碱胁迫（Con1）显著降低了 XY335 和 JY417 的 Hill 反应
活力（*P*<0.05），使 PSⅡ电子传递效率下降，光合磷酸化受阻，进而影响光合

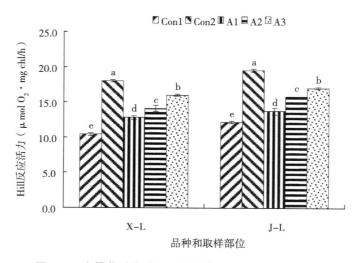

图 4-2　木霉菌对盐碱土玉米叶片 Hill 反应活力的影响

作用进行，与对照（Con2）相比，XY335 和 JY417 下降幅度分别为 42.25% 和
37.68%，可见，JY417 在盐碱胁迫下比 XY335 具有较高的叶绿体 Hill 反应活
力保持能力。在施用木霉菌后，XY335 和 JY417 的 Hill 反应活力下降程度显著
减轻，且随着菌液浓度的提高，减轻作用越明显，其中，1×10^9 spores/L 浓度
处理作用显著好于其他浓度，与盐碱胁迫（Con1）相比，Hill 反应活力分别提
高了 53.93% 和 39.72%，表明木霉菌对 XY335 的作用好于 JY417。

4.3.5 木霉菌对盐碱胁迫下玉米幼苗叶绿体 Ca²⁺-ATP、Mg²⁺-ATP 酶活性的影响

由图 4-3 可知，盐碱胁迫（Con1）显著降低了 XY335 和 JY417 两品种的叶

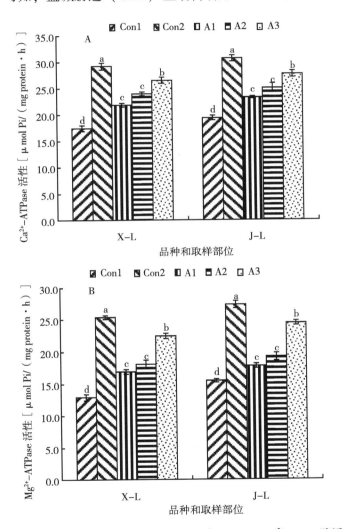

图 4-3　木霉菌对盐碱胁迫下玉米幼苗叶绿体 Ca²⁺-ATP、Mg²⁺-ATP 酶活性的影响

绿体 Ca^{2+}-ATP 和 Mg^{2+}-ATP 酶活性（$P<0.05$），与对照（Con2）相比分别降低了 40.33%（XY335）和 36.84%（JY417）、48.95%（XY335）和 43.23%（JY417），且 XY335 的酶活性下降幅度更大。施用木霉菌后，两品种的叶绿体 Ca^{2+}-ATP 和 Mg^{2+}-ATP 酶活性比盐碱胁迫（Con1）均有显著提高，且随着菌液浓度的升高而提高，但 1×10^3 和 1×10^6 spores/L 两浓度处理间差异不显著，1×10^9 spores/L 浓度处理下酶活性提高最大，分别提高 51.98%（XY335）和 42.90%（JY417）、73.69%（XY335）和 57.53%（JY417），这表明，木霉菌处理对不同基因型品种缓解胁迫的程度有差异，对 XY335 的缓解作用大于 JY417。

4.3.6　木霉菌对盐碱胁迫下玉米幼苗 NO_3^- 和 NH_4^+ 含量的影响

结果表明在相同条件下，玉米幼苗叶片和根系的 NO_3^- 含量变化趋势相似（图 4-4A）。与对照（Con2）相比，盐碱胁迫（Con1）显著降低了 XY335 和 JY417 玉米幼苗叶片和根系的 NO_3^- 含量（$P<0.05$），降幅分别为 34.52% 和 27.60%（XY335）、28.07% 和 25.88%（JY417）。在盐碱胁迫（Con1）条件下，施用木霉菌显著提高了叶片和根系的 NO_3^- 含量，且随菌液浓度的升高 NO_3^- 含量增幅越明显。在 1×10^9 spores/L 浓度处理下增幅最显著，分别为 43.47% 和 27.94%（XY335）、33.17% 和 25.90%（JY417）。此外，两品种的叶片 NO_3^- 含量比其对应的根系 NO_3^- 含量略低，相同处理间 JY417 的 NO_3^- 含量较高。

盐碱胁迫（Con1）下，两品种的叶片和根系 NH_4^+ 含量显著增加（图 4-4B），与对照（Con2）相比分别增幅 73.12% 和 39.69%（XY335）、68.06% 和 37.01%（JY417），同时在盐碱胁迫（Con1）下施用木霉菌，显著降低了叶片和根系 NH_4^+ 含量，降幅随菌液浓度的增加而下降，各菌液浓度处理间差异显著，1×10^9 spores/L 浓度处理下降幅最显著，分别为 33.16% 和 22.44%（XY335）、29.62% 和 20.02%（JY417），由此可见木霉菌对 XY335 的铵毒作用缓解效果好于 JY417。

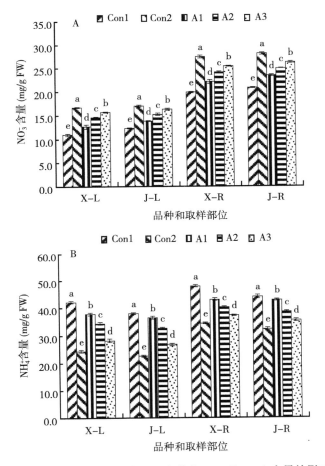

图 4-4　木霉菌对盐碱胁迫下玉米幼苗 NO_3^- 和 NH_4^+ 含量的影响

4.3.7　木霉菌对盐碱胁迫下玉米幼苗氮代谢关键酶活性的影响

在盐碱胁迫（Con1）处理下，两品种玉米幼苗叶片和根系的氮代谢酶活性较对照（Con2）相比，均呈显著下降的趋势（$P<0.05$），且 XY335 的叶片和根系酶活性下降幅度均不同程度高于 JY417，而 GDH 酶活性与对照相比则表现为升高的趋

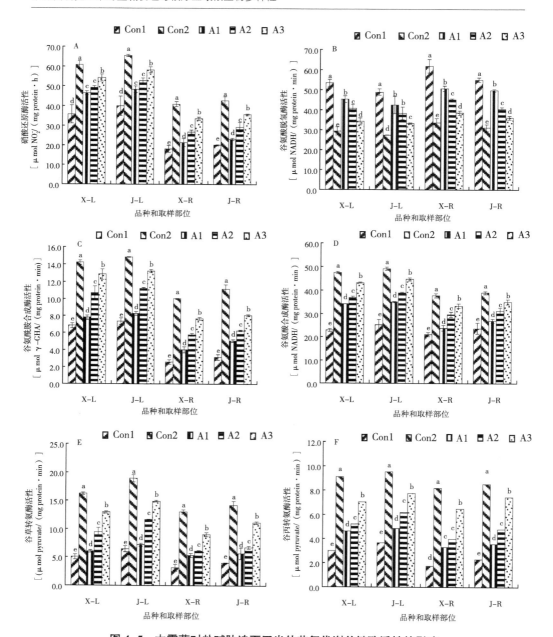

图4-5　木霉菌对盐碱胁迫下玉米幼苗氮代谢关键酶活性的影响

势，可能由于盐碱胁迫下大量 NH_4^+ 被激活，导致 GDH 酶活性显著提高（图 4-5B）。同时研究表明，盐碱胁迫（Con1）下，施用木霉菌显著提高两品种叶片和根系的氮代谢酶活性，且酶活性随菌液浓度的增加而逐渐升高，$1×10^9$ spores/L 浓度处理效果显著。玉米叶片中的 NR 活性远高于根系，可见玉米幼苗吸收的 NO_3^- 被大部分转移到叶片中还原，本试验中两种玉米叶片和根系的 NR 酶活性与 NO_3^- 含量之间存在极显著正相关关系（$P<0.01$），相关系数分别为 0.918 和 0.971（XY335）、0.917 和 0.959（JY417），即 NR 的活性越高，NO_3^- 还原速率越快，叶片和根系对 NO_3^- 的吸收量越多。GS 和 GOGAT 循环是高等植物氨同化的主要途径，两品种玉米幼苗的叶片 GS 和 GOGAT 活性高于根系（图 4-5C 和图 4-5D），表明玉米幼苗体内的铵根离子同化主要器官在叶片中。而施用木霉菌后叶片和根系的 GDH 酶活性显著降低，且两品种的叶片 GDH 酶活性低于其对应的根系，这与叶片和根系中 NH_4^+ 含量的高低相对应，本试验中玉米幼苗叶片和根系中 GDH 酶活性和 NH_4^+ 含量呈显著的正相关关系（$P<0.01$），相关系数分别为 0.957 和 0.980（XY335）、0.860 和 0.975（JY417），说明施用木霉菌降低了玉米幼苗的 NH_4^+ 含量，从而使 GDH 酶活性降低，并最终表现为玉米幼苗受 NH_4^+ 伤害减轻。

4.4 讨 论

随着气候变化的加剧和人为因素的影响，土壤盐碱化已成为世界许多地区农业可持续健康发展的主要限制因素之一[185]。土壤盐碱化严重制约了植物的生存、生长和生产以及生态环境的改善[157]，植物则能够通过改变其自身生长规律和代谢调控机制来适应盐碱逆境。

盐碱胁迫下，植物光合机构的功能受到损伤，显著降低了植物的光合作用能力，并抑制植物的生长和发育[186]。本试验中，盐碱胁迫显著抑制 XY335 和 JY417 玉米幼苗的 Pn、Tr 和 Gs，同时提高了 Ci；施用木霉菌后，显著缓解盐碱胁迫引起的 Pn 和 Gs 的下降和 Ci 的升高。这些结果表明木霉菌主要通过缓解玉米幼苗的非气孔限制因素，从而提高了玉米幼苗的光合作用，进而促进植物生长，这与前人研究结果一致[187]。

盐碱胁迫条件下，植物叶片细胞膜通透性会显著升高，从而导致叶绿素合成受阻，并加速叶绿素降解，进而影响植物的光合性能[188]。本研究中，盐碱胁迫显著降低两玉米品种叶片的光合色素含量（表4-2），说明盐碱胁迫使 Chl 的降解加快，合成受到抑制，降低了叶绿体对光能的吸收和利用；同时玉米幼苗在盐碱胁迫过程中叶片膜透性显著升高，造成膜脂过氧化，进而导致叶绿素含量下降，形态表现为叶片变黄枯萎。施用木霉菌显著提高了光合色素含量，同时显著降低了叶片细胞膜透性，缓解盐碱胁迫造成的膜脂过氧化，因此可以推测光合色素含量的升高可能与木霉菌缓解膜脂过氧化有关，这与前人研究结果相似[136]，研究结果同时发现两品种玉米幼苗的叶绿素含量和细胞膜透性随木霉菌液浓度的增加而增加，且对 XY335 的缓解效果好于 JY417。

盐碱胁迫对植物体内叶绿体和类囊体结构的损伤影响非常大，因此研究植物叶片叶绿素荧光参数的变化规律可以帮助人们探究盐碱胁迫对植物光合结构的损伤程度，同时明确植物对光能利用率情况[189]。本研究中，盐碱胁迫显著降低了 XY335 和 JY417 玉米幼苗叶片的 F_v/F_0、F_v/F_m（表4-2），说明盐碱胁迫下玉米幼苗的光能利用率和电子传递速率受到严重制约，从而使植株的生长受到抑制。施用木霉菌后显著缓解了盐碱胁迫对两品种玉米幼苗叶片的暗适应下 F_v/F_0、F_v/F_m 的抑制，说明木霉菌显著提高 PSⅡ反应中心活性、电子传递速率和光能转化效率，从而提高玉米的光合能力，同时菌液浓度越高，缓解效果越显著，对 XY335 缓解效果更明显，这与本试验中叶片的光合参数的测定结果相吻合。

Hill 反应活力反映了类囊体膜上放氧复合体的活性，表明叶绿体 PSⅡ的光化学活力。本试验结果表明，盐碱胁迫抑制了两玉米品种的 Hill 反应活力，限制了水的光解和放氧，从而导致 PSⅡ电子传递效率的降低，这也是导致玉米幼苗净光合速率下降的因素之一。施用木霉菌后，显著缓解了两玉米品种因盐碱胁迫引起的 Hill 反应活力下降，表明木霉菌能够有效地保护玉米叶片 PSⅡ放氧复合体，维持 PSⅡ反应活性在良好水平。

植物吸收的光能通过叶绿体转化成为稳定的化学能，再将化学能经过 ATP

合成酶作用产生 ATP。Ca^{2+}-ATP 和 Mg^{2+}-ATP 酶是 ATP 合成过程中两个关键性酶[190]。本试验研究表明，盐碱胁迫均降低了两个玉米品种叶绿体的 Ca^{2+}-ATP 和 Mg^{2+}-ATP 酶活性，从而导致 Ca^{2+} 流失，膜脂过氧化加剧，光合膜系统破坏，最终导致光合作用下降。本研究中，盐碱胁迫下施用木霉菌显著地提高了盐碱胁迫下 Ca^{2+}-ATP 和 Mg^{2+}-ATP 酶活性，从而缓解了 ATP 合成过程受到的抑制，提高了 PS II 反应中心光能捕获转化率，且随菌液浓度的提高，缓解越明显，对不同基因型品种的缓解效果也不同，XY335 的缓解效果好于JY417。说明木霉菌通过调节细胞内外 Ca^{2+} 和 Mg^{2+} 浓度应对盐碱胁迫，最终提高玉米幼苗的耐盐碱性。

植物在逆境胁迫下的氮代谢水平往往可通过不同氮形态及其相关的多种代谢酶的变化来反映[183]。无机氮是植物生命活动主要的氮源，植物吸收的 NO_3^--N 只有被转化为 NH_4^+-N 后才可被进一步利用，NH_4^+-N 必须马上转化利用，否则 NH_4^+-N 的积累会对植物造成伤害，NR 是根系吸收 NO_3^- 还原成 NH_4^+ 的重要酶，其活性的高低影响着根系对 NO_3^- 的吸收和利用[191]。本试验中，盐碱胁迫下，两玉米品种的叶片和根系 NO_3^- 含量均显著下降（图 4-4），这可能是由于盐碱条件下共存的 Cl^-、SO_4^{2-}、CO_3^{2-}、HCO_3^- 等离子会对 NO_3^- 产生一定的竞争作用[157]，不仅抑制了根系对 NO_3^- 的吸收，而且也阻碍了其向地上部的转运，同时研究发现，盐碱胁迫抑制了两品种的叶片和根系 NR 活性，减少 N 的吸收和运转，进一步降低了 NO_3^- 含量。施用木霉菌可通过增加 NO_3^- 含量来调节玉米幼苗盐碱胁迫植株体内 NR 的代谢平衡。进一步研究显示，盐碱胁迫下两品种玉米幼苗植株中 NH_4^+ 大量积累且显著高于对照，产生了铵毒作用，表明盐碱对 JY417 造成的铵毒程度较轻，NH_4^+ 进一步转化、合成酰胺、氨基酸和蛋白质的能力高于 XY335，施用木霉菌在一定程度上降低盐碱胁迫引起的 NH_4^+ 含量升高幅度，缓解盐碱胁迫对玉米幼苗的伤害，可能由于施用木霉菌激活了玉米幼苗体内与抗逆有关的防卫反应，通过维持植株体内的各种代谢的正常运转而提高植物的抗逆性。

GS、GOGAT、GDH 等在高等植物的氨同化过程具有非常关键的作用。目前认为 GS-GOGAT 途径在无机氮转化为有机氮以及降低氨毒的过程中起主导作用[192]；而 GDH 途径是高等植物氨同化的一个重要分支，该途径能够将盐碱等逆境过程中产生的大量 NH_4^+ 转化为谷氨酸，从而在解除或缓解高氨对植物毒害方面发挥其独特的生理作用，在植物体内缺少有机碳源时，GDH 还可分解 Glu 为 TCA 循环提供碳骨架。本试验结果表明，盐碱胁迫下两品种的叶片和根系的 GS 均显著低于对照，根系的 GS 酶活性降幅较大，表明盐碱对根系的 GS 有强烈的抑制作用，引起根系中 NH_4^+ 富集并导致其向地上部运转，施用木霉菌后显著提高了盐碱胁迫下玉米叶片和根系 GS 活性，这可能是由于木霉菌减少了盐碱胁迫所引起的 NH_4^+ 含量的升高幅度和 NO_3^- 含量及 NR 活性的降低幅度，进而诱导叶片和根系 GS 活性升高，以消除氨毒害，避免 NH_4^+-N 积累对玉米幼苗叶片细胞的伤害，从而提高叶片的水分利用率，前面试验结果证实了这一点。盐碱胁迫及施用木霉菌处理对 GOGAT 活性的影响与 GS 相似，即叶片和根系 GOGAT 活性在盐碱胁迫下显著降低，施用木霉菌后下降幅度有所减缓，GOGAT 和 GS 的同向变化可能与反应产物的正反馈调节有关，因此 GOGAT 的酶活变化可能是植物对其体内 GS 活性变化的一种适应机制。此外，本研究发现，盐碱胁迫下两品种的叶片和根系 GDH 活性均显著增加，说明盐碱胁迫可以提高 GDH 对 NH_4^+ 的竞争力，此时玉米幼苗体内的氨同化过程主要通过 GDH 途径完成，随着 NH_4^+-N 含量的显著升高，可能是 GS-GOGAT 途径的竞争所致，也可能是 GDH 同化 NH_4^+ 的能力有限所致。而施用木霉菌后降低了 GDH 活性和 NH_4^+ 含量，这表明 GDH 途径并不能完全满足玉米幼苗体内解除氨毒性的要求，必须与 GS-GOGAT 途径协调作用才能完成氨同化作用。此外，因为施用木霉菌后提高了玉米幼苗的光合作用，促进了碳同化产物的积累，这为氨同化提供了足够的能量和碳骨架，从而诱导 GDH 活性降低，GS 和 GOGAT 活性升高，加快了氨同化，降低了 NH_4^+ 对玉米幼苗的毒性，促进了盐碱胁迫下玉米幼苗的正常生长。总之，盐碱胁迫下木霉菌对玉米幼苗 N 代谢的调控是一个复杂的过程，玉米幼苗植株中 NH_4^+-N 的积累和 NH_4^+ 同化是 GS-GOGAT 途径、GDH 途径及 NR 活性变化等协同作用的结果。

GOT 和 GPT 是植物转氨过程中的主要酶类，可催化谷氨酸与其他底物的反应，分别生成天冬氨酸和丙氨酸，逆境胁迫下该过程会受到一定的抑制[184]，是反映植物氮代谢过程中的氨转运和协调各氨基酸代谢积累的重要指标。本试验结果显示，与对照相比，盐碱胁迫下两品种叶片和根系的 GOT 和 GPT 活性均显著降低，且 XY335 的两种酶活性降幅较大。GOT 和 GPT 的活性下降可能与盐碱胁迫下 GS-GOGAT 途径受到一定程度的削弱有关，因为谷氨酸作为植物体内由无机氮合成的第一个氨基酸，以及作为 GOT 和 GPT 的重要反应底物，主要由 NH_4^+ 在 GS-GOGAT 的催化下形成[183]，GS-GOGAT 途径的减弱可能会引起谷氨酸含量降低，继而抑制植物体内以其为底物的系列氨基转移反应。本研究进一步显示，施用木霉菌后能在一定程度上提高盐碱胁迫下两品种叶片和根系的 GOT 和 GPT 活性，且对 XY335 的作用更显著，表明盐碱逆境造成的高氨胁迫下，木霉菌能够有效地增强由 GOT 和 GPT 介导的转氨反应，协同其他的氨同化系统，促进氨的进一步转化，减轻过量铵的毒害作用，进而缓解盐碱胁迫诱导的氨代谢紊乱。

4.5 小 结

盆栽试验表明，在盐碱胁迫下，两品种玉米幼苗生长受抑，光合色素含量降低，PS Ⅱ 光化学量子效率减弱，光合作用降低，Hill 反应活力下降，ATP 酶活性抑制，细胞膜透性和胞间 CO_2 浓度则均显著升高，且 XY335 受盐碱胁迫的影响程度较大。木霉菌处理能够显著改善盐碱胁迫下玉米幼苗地上部的生长状况，提高叶片光合色素含量，增强 PS Ⅱ 反应中心的光化学活性，同时通过与 Ca^{2+} 信号的结合，调控叶绿体内 ATP 酶活性，改变细胞内环境，从而有效减轻盐碱逆境对玉米叶片光合电子传递的抑制及其对光合作用的非气孔限制。研究结果表明，光合作用的增强为玉米幼苗氮代谢提供了更多原料和能量，进而提高了玉米氮代谢活性和物质生产能力，且对 XY335 盐碱毒害的缓解效果更为明显。在盐碱胁迫下，诱导两品种玉米幼苗的 NH_4^+ 含量及 GDH 活性增加，而 NO_3^- 含量及 NR、GS、GOGAT、GOT、GPT 活性均有所降低，同时，盐碱逆境的这种诱导效应在木霉菌作用下有所减缓，尤其对 XY335 作用效果更明显。由此可见，盐碱胁迫下，木霉菌可通过协调和加强 GDH、GS/GOGAT 和转氨三大途径的协同作用以促进过量积累氨的同化,使植株体内的 NH_4^+ 及其代谢相关酶维持在适度平衡状态,进而减轻氨毒害作用并有效缓解盐碱胁迫引起的氮代谢紊乱,从而促进植株生长。本试验研究发现,1×10^9 spores/L 浓度菌液处理效果表现最佳。

5 木霉菌对玉米根际微生物群落和理化特性及产量的影响

5.1 前　言

　　土壤是一个复杂的生态系统，特别是根区"土壤—作物根系—微生物及酶"构成了一个联系紧密的动态变化的体系，不断发生相互作用，影响着土壤的物质流动和能量交换，最终决定作物的生长状态。根系是作物吸收土壤养分和水分、向地上植株部分输送营养的重要器官，其生长受根区土壤环境制约，又直接影响土壤水分、养分的消耗与动态变化。土壤微生物是农田生态系统的重要组成部分，在土壤生化反应、有机质转化、生态系统过程中具有重要作用，是参与土壤碳、氮、磷、硫等元素转化的主要驱动力，在农田生态系统中的物质循环和能量流动中起着决定作用，土壤中细菌、放线菌和真菌是土壤酶的主要来源。土壤酶是由动植物活体和微生物分泌并且由动植物残体分解释放到土壤中的一类有机物质分解的催化剂，参与土壤养分的生物化学循环过程[193]。土壤酶活性的变化可以反映某一种土壤生态状况下生物化学反应的活跃程度、土壤微生物的活性以及养分物质循环状况，是土壤质量的潜在重要指标和评价土壤肥力的重要参数之一。土壤中腐殖质的形成及养分的吸收与固定等过程都需要微生物和酶共同作用进行促进和转化。植物根系可以直接分泌土壤酶，也可以通过根系分泌物刺激土壤微生物活性来直接或间接地影响土壤酶。然而在黑龙江寒地地区由于各种自然环境因素（长期干旱、季节降水分布不均）和土地管理不足导致土壤有机质含量降低，这种情况使土壤发生大面积盐碱化，盐碱土壤板结严重，透气性差，土壤中可溶性盐含量高，严重影响植株根系的生长。盐碱土壤由于理化性质差、贫瘠度高，导致土壤中微生物数量和种类较少，土壤可溶性盐含量、电导率和 pH 值等更是制约着盐碱土壤中微生物的生长与繁殖，从而导致土壤酶活性显著降低[194]，进而影响土壤养分循环和根系对养分的利用，最终使作物减产。因此，如何缓解寒地盐碱土壤对作物生长的胁迫，探求盐碱调控途径，合理利用寒地盐碱土壤资源对黑龙江的农业可持续发展具有重要的意义。

研究表明，木霉菌对土壤中病原真菌具有显著抑制作用，能够有效改善土壤结构，促进土壤中有益微生物菌落的建立和维持，能够提高土壤养分含量，增加植株的养分利用率[107]，同时也可以缓解重金属污染，对土壤环境有修复作用[106]。木霉菌通过定殖在植株根系表面，与其互益共生，促进根系生长[97]。木霉菌分泌的代谢产物与植株根系互作，能够对土壤理化性质和营养成分产生一定影响[158]。由此表明，木霉菌能够改善土壤微生态结构，有效促进植物生长，然而在寒地盐碱土壤条件下，木霉菌对玉米根际土壤微环境及作物产量的长期影响尚未见报道，本书之前章节的研究已经明确了寒地盐碱土壤条件下，施用木霉菌对提高玉米幼苗抗氧化能力、光合特性及氮代谢平衡等发挥重要作用，揭示了木霉菌对玉米幼苗的促生机制，但是这些研究在盆栽方式下进行，笔者认为应该在农田不同季节性气候条件下对玉米根际土壤微生态变化进行更深入的研究，因此本研究采集连续两年施用棘孢木霉菌的农田寒地盐碱土壤样品，分析探讨不同浓度木霉菌对不同生育期内玉米根际土壤酶活、微生物数量及养分和盐分含量的变化规律，进而对产量的影响，最终明确最适木霉菌浓度，为缓解寒地盐碱土壤对玉米生长的胁迫及合理利用寒地盐碱土壤资源提供相关理论依据。

5.2 材料与方法

5.2.1 试验地点和品种

试验于 2015—2016 年在黑龙江八一农垦大学试验实习基地（46°37′N，

125°11′E，海拔 146m）进行，试验区极端最低气温－39.2℃，最热月平均气温
23.3℃，极端最高气温 39.8℃，年均无霜期 143d，年降水为 427.5mm，年蒸发量
1 635mm。选用实验室筛选出的适宜本地种植耐盐碱高产品种宁玉 525 用于两年田
间试验，种子发芽率≥90%，在试验地区，生长周期为 129d，积温在 2 700℃以上。
试验地土壤为碱化草甸土，0~20cm 土层土壤平均基础肥力如表 5-1所示。

表 5-1　试验土壤基础理化性质

年份	pH 值	全氮 （g/kg）	全磷 （g/kg）	碱解氮 （mg/kg）	速效磷 （mg/kg）	速效钾 （mg/kg）	有机质 （g/kg）
2015	8.47	1.72	0.54	126.03	21.24	119.47	27.27
2016	8.38	1.91	0.67	135.34	27.45	127.78	29.71

5.2.2　试验设计

玉米种子采用人工精确播种，行距为 70cm，播种时间为 2015 年 5 月 20 日，
2016 年 5 月 15 日。试验将木霉菌按 1.4g 和 0.7g 分生孢子粉剂分别与 200mL 水
混合，设置为 0.7 浓度木霉菌（T1），1.4 浓度木霉菌（T2）和未施用木霉菌对
照（Con）共 3 个处理，种子密度为 82 500株/hm²，每个处理设置 6 行区，每行
长 15m，宽 0.7m。采用随机区组设计，每个处理 3 次重复。

供试"玉米专用木霉菌"由东北林业大学林学院森林保护学科"木霉菌研
究团队"提供，木霉菌处理于出苗后 15d 和 25d 进行灌根处理。灌根方法：将不
同浓度的木霉菌剂搅拌均匀后，在植物根围表土移开 3cm 厚，木霉菌悬液浇于植
物根部，每株浇施 200mL，然后将移开的土壤重新覆盖。

5.2.3　田间管理

播种前对试验地块统一进行旋耕灭茬、翻后耙耢、施肥、起垄、镇压等连续
作业。各处理基础肥料为：N 67.5kg/hm²、P$_2$O$_5$ 90kg/hm² 和 K$_2$O 120kg/hm²，在
拔节期追施氮肥（46%N）75kg/hm²。在玉米两叶期进行间苗。防止田间施用除
草剂和杀虫剂对木霉菌产生影响，采用人工除草和物理杀虫方法，其他田间管理
措施按照当地农艺措施管理。

5.2.4 土壤样品采集及预处理

播种前采集基础土壤样品（0~20cm），分别于玉米拔节期（V6），抽雄期（VT），吐丝后20d（DAS 20），吐丝后40d（DAS 40），完熟期（R6），分别在每个处理区随机采集长势一致的玉米植株3株，小心挖出玉米根系后，采用抖根法提取根际土壤，采样深度为0~20cm，用灭菌镊子去除沙砾及作物根系等，装入无菌封口袋密封，迅速放入便携式冰盒中带回实验室，土壤过2mm筛，均匀分为3部分：一部分放入4℃冰箱中保存，用于测定土壤细菌、真菌、放线菌数量；另一部分保存于-80℃，用于微生物多样性分析；还有一部分放于阴凉处风干，用于测定土壤理化及酶活性指标。

5.2.5 指标测定

土壤理化性质：见2.2.3。

土壤酶活性测定：见2.2.3。

土壤盐分总量测定：于2015—2016年玉米成熟期采集0~20cm土壤样品，经自然风干，过2mm筛后与去除CO_2的蒸馏水按1:5土水质量比混合，振荡、过滤，滤液为待测液。土壤全盐量的测定通过八大离子总和来表示[121]；CO_3^{2-}和HCO_3^-测定采用双指示剂滴定法；Ca^{2+}和Mg^{2+}测定采用EDTA滴定法；Na^+和K^+测定采用火焰光度法。

$$土壤钠吸附比（SAR）= [Na^+]/\sqrt{(Ca^{2+})+(Mg^{2+})/2}$$

式中，（Na^+）、（Ca^{2+}）和（Mg^{2+}）分别为每千克土壤中Na^+、Ca^{2+}和Mg^{2+}的量[121]。

初始土壤盐分和生育期末盐分分别在2015年和2016年玉米播种前和收获后测定，土壤脱盐率计算公式如下。

土壤脱盐率（%）=（初始土壤盐分-生育期末盐分）/初始土壤盐分×100%

土壤可培养微生物测定：采用梯度稀释平板计数法[195]，具体操作如下：称取不同生长时期玉米处理和对照的根际土10g，分别放入盛有玻璃珠的100mL灭菌去离子水中，室温震荡培养（200r/min）30min，使土样均匀地分散，制成土壤悬液，静置 5min。吸取 1mL 土壤悬液于无菌水中，稀释成 10^{-2} 土壤稀释液，再用 1mL 无菌移液管从 10^{-2} 稀释液吸 1mL 于盛有 9mL 蒸馏水的无菌试管中，依次按 10 倍法稀释，稀释到 10^{-7}。根据不同微生物的区别，选择适当的土壤悬液稀释浓度接种。细菌用牛肉膏蛋白胨培养基。真菌用马丁氏培养基。放线菌用高氏一号培养基。

细菌和真菌接种后倒置于 28℃ 恒温培养箱内培养，放线菌 37℃ 恒温培养箱内培养。最后选取数量在 30~300 作为统计数量。计算微生物数量的公式如下。

每克烘干土中的菌数（个/g）＝菌落平均数×稀释倍数×10

5.2.6　产　量

于 2015 年 10 月 4 日和 2016 年 10 月 6 日进行玉米籽粒收获，收获时每处理均取 3 个 $30m^2$ 样方，查样方内有效穗数，人工脱粒后测定鲜粒重和含水率，折算出 14% 含水量的产量。分别取 10 穗进行考种，测定穗长、穗粗、秃尖长、穗行数、行粒数、穗粒重及百粒重。

5.2.7　数据分析

采用 Excel 2013 对数据进行整理，SPSS 21.0 软件进行单因素方差分析，采用 Duncan 检验法进行多重比较及差异显著性分析，本章图表数据均为 3 次重复的平均值。

5.3　结果与分析

5.3.1　木霉菌对玉米根际土壤盐分离子含量的影响

土壤中的可溶性盐组成不同，因此，土壤中不同盐分离子对作物生长发育的影响也不相同。由表 5-2 可知，研究区土壤的主要阴、阳离子为 HCO_3^-、Na^+。试验结果显示，随种植年限的增加，玉米根际土壤的 Na^+、HCO_3^-、Cl^-、SO_4^{2-} 含量呈下降趋势，且不同处理离子含量变化趋势一致，表现为 Con>T1>T2，处理间差异显著（$P<0.05$）；而 Ca^+、Mg^{2+}、K^+ 含量呈上升趋势，不同处理间表现为

T2>T1>Con，处理间差异显著（$P<0.05$），由此可以看出，施用木霉菌处理明显改善了根际土壤中离子结构平衡，有效缓解了根际土壤中高浓度 Na^+、HCO_3^-、Cl^-、SO_4^{2-} 对玉米生长的危害。

表5-2　木霉菌对玉米根际土壤盐分离子含量的影响

年份	处理	阳离子含量（g/kg）				阴离子含量（g/kg）		
		Ca^+	Mg^{2+}	Na^+	K^+	HCO_3^-	Cl^-	SO_4^{2-}
2015	Con	0.067±0.02b	0.020±0.01c	0.578±0.03a	0.021±0.01c	0.066±0.00a	0.041±0.00a	0.037±0.00a
	T1	0.110±0.03a	0.054±0.02b	0.400±0.04b	0.040±0.01b	0.053±0.00b	0.026±0.00b	0.028±0.01b
	T2	0.119±0.04a	0.084±0.02a	0.298±0.03c	0.070±0.02a	0.041±0.00c	0.021±0.00c	0.016±0.00c
2016	Con	0.069±0.03c	0.023±0.01c	0.547±0.03a	0.022±0.01c	0.063±0.00a	0.040±0.00a	0.035±0.01a
	T1	0.124±0.02b	0.064±0.02b	0.346±0.02b	0.047±0.01b	0.048±0.00b	0.025±0.00b	0.026±0.00b
	T2	0.155±0.02a	0.105±0.01a	0.210±0.02c	0.084±0.02a	0.035±0.00c	0.018±0.00c	0.011±0.00c

注：表中 T1、T2 和 Con 分别代表木霉菌孢子浓度为 0.7g/200mL、1.4g/200mL 和 0g/200mL。根据 Duncan 检验，表中不同小写字母表示不同处理之间的差异显著性（$P<0.05$），数值为 3 次重复均值±SE，下同

5.3.2　木霉菌对玉米根际土壤 pH 值、全盐量、脱盐率和吸钠比（SAR）的影响

由图 5-1A 可知，收获期玉米根际土壤 pH 值在两年的试验结果中变化趋势相似，表现为 Con>T2>T1，处理间差异显著（$P<0.05$）。其中，2015 年 T1 和 T2 处理分别比 Con 降低 2.56% 和 3.98%，2016 年降低 3.03% 和 4.31%，同时 2016 年的 pH 值低于 2015 年，这可能是因为微生物能够分泌多种酸性物质，对土壤的碱度具有中和作用，因此，土壤 pH 值的降幅随木霉菌浓度的增加而显著下降。土壤水溶性盐分含量高是盐碱土壤最主要的特点之一，同时也是危害作物生长的重要因素之一。由图 5-1B 和图 5-1C 可知，2015 年，T1 和 T2 较 Con 处理全盐量分别降低 14.34% 和 21.74%，脱盐率分别上升 25.68% 和 78.45%，2016 年全盐量分别降低 15.09% 和 22.70%，脱盐率分别上升 34.69% 和 92.19%。这可能由于施用木霉菌增加了土壤的有机质，增加了土壤通透性，促进植株生长，提高土壤的保水、储水能力，减少了地表的蒸发，缓解深沉盐分的运移。由图 5-1D 可知，玉米根际土壤 SAR 随种植年限的增加不断减小，2016 年较 2015 年各处理分别下降 21.51%（T1）、39.13%（T2）、6.08%（Con）。且施用木霉菌处理 SAR

显著低于未施用木霉菌（Con）处理，2015 年 T1 和 T2 处理较 Con 降幅分别为 49.01%和 66.32%，2016 年降幅分别为 57.39%和 78.17%，T2 处理降幅高于 T1。通过上述分析可知，玉米根际土壤 SAR 随种植年限增加逐渐减小，土壤碱度降低意味着土壤中 Na^+ 的比例下降，而 Ca^{2+} 和 Mg^{2+} 的比例则升高，由此可以看出，随着木霉菌的施用，土壤中的阳离子组成发生了改变。

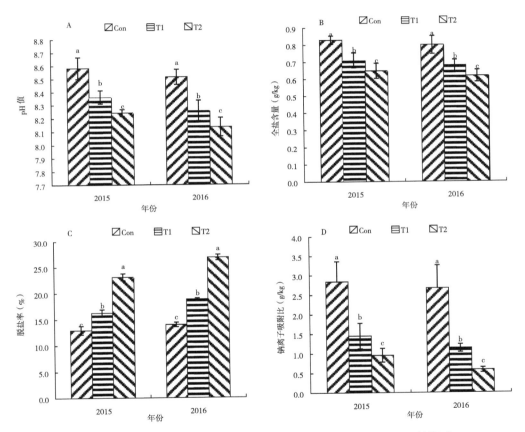

图 5-1 木霉菌对玉米根际土壤 pH 值、全盐量、脱盐率和 SAR 的影响

注：图中 T1、T2 和 Con 分别代表木霉菌孢子浓度为 0.7g/200mL、1.4g/200mL 和 0g/200mL。不同小写字母表示不同处理之间的差异显著性（$P<0.05$），短线代表标准误，下同

5.3.3 木霉菌对玉米根际土壤全量养分含量的影响

由表 5-3 可知，各处理下玉米根际土壤有机质和全氮含量均随生育期推进呈升高—下降—升高的趋势，在 VT 时期达到最大值，DAS 20d 时降至最低，在 DAS 40d-R6 时期呈回升的趋势，但未施用木霉菌处理（Con）全氮含量在玉米 DAS 40d-R6 时期呈下降趋势，与木霉菌处理（T1 和 T2）下变化趋势相反；木霉菌处理土壤全磷含量则在 V6 时期达到最大值，随着生育期的推进，全磷含量逐渐下降，木霉菌处理（T1 和 T2）在 DAS 40d 达到最低，R6 时期略有回升，而未施用木霉菌处理（Con）在 VT 时期达到最大值，在 R6 时期达到最低，2015 年和 2016 年土壤全量养分含量变化趋势相似。

与未施用木霉菌处理（Con）相比，2015 年和 2016 年木霉菌处理下根际土壤全量养分含量显著高于对照处理，同时表明，2016 年全量养分含量高于 2015 年，且 2016 年 T1、T2 和 Con 处理下玉米全生育期内土壤有机质、全氮、全磷平均含量较 2015 年增幅分别为 11.86%、12.16%、5.35%（T1），13.17%、12.60%、5.54%（T2），4.77%、11.04%、4.53%（Con），由此可见，施用木霉菌后有效改善了根际土壤的微生物群落结构，使土壤中的有机质、全氮、全磷含量有所升高，且 T2 处理提高幅度大于 T1 处理。

表 5-3　木霉菌对玉米根际土壤全量养分含量的影响

生育时期	处理	有机质（g/kg）		全氮（g/kg）		全磷（g/kg）	
		2015 年	2016 年	2015 年	2016 年	2015 年	2016 年
V6	Con	20.74±1.36b	23.42±1.82c	1.70±0.06c	1.93±0.05c	0.70±0.08c	0.74±0.05c
	T1	24.33±2.02a	26.83±1.56b	1.81±0.03b	2.03±0.04b	0.82±0.02b	0.92±0.08b
	T2	26.42±3.09a	29.86±3.11a	2.04±0.05a	2.26±0.05a	0.89±0.04a	0.99±0.08a
VT	Con	25.28±3.47c	26.35±3.32c	1.83±0.05c	2.00±0.05c	0.73±0.03c	0.76±0.03c
	T1	31.29±2.61b	33.27±2.53b	1.96±0.10b	2.20±0.11b	0.79±0.05b	0.82±0.05b
	T2	35.23±2.85a	39.56±2.93a	2.17±0.02a	2.45±0.02a	0.87±0.05a	0.88±0.03a
DAS 20	Con	20.22±2.36c	22.54±2.34c	1.58±0.03c	1.70±0.05c	0.67±0.02c	0.69±0.02c
	T1	24.64±1.55b	28.16±1.72b	1.69±0.09b	1.89±0.09b	0.75±0.02b	0.78±0.02b
	T2	28.64±3.65a	31.96±3.00a	1.82±0.07a	2.06±0.08a	0.83±0.06a	0.85±0.05a

（续表）

生育时期	处理	有机质（g/kg）		全氮（g/kg）		全磷（g/kg）	
		2015 年	2016 年	2015 年	2016 年	2015 年	2016 年
DAS 40	Con	22.36±2.28b	23.54±3.05c	1.61±0.01c	1.85±0.02c	0.62±0.04b	0.65±0.03c
	T1	26.68±2.50a	30.72±1.92b	1.72±0.05b	1.90±0.05b	0.69±0.04a	0.70±0.04b
	T2	29.54±4.35a	34.56±4.34a	1.86±0.03a	2.09±0.03a	0.72±0.02a	0.76±0.01a
R6	Con	22.43±5.89c	23.81±4.94c	1.51±0.05c	1.65±0.05c	0.58±0.02b	0.61±0.04c
	T1	27.75±1.32b	31.67±2.33b	1.76±0.04b	2.02±0.05b	0.72±0.05a	0.73±0.03b
	T2	32.93±3.74a	36.94±3.73a	1.93±0.08a	2.20±0.07a	0.75±0.04a	0.80±0.04a

注：表中 V6、VT、DAS20、DAS40 和 R6 分别代表玉米拔节期、抽雄期、吐丝后 20d、吐丝后 40d、完熟期；T1、T2 和 Con 分别代表木霉菌孢子浓度为 0.7g/200mL、1.4g/200mL 和 0g/200mL。不同小写字母表示不同处理之间的差异显著性（$P<0.05$），短线代表标准误，下同

5.3.4　木霉菌对玉米根际土壤速效养分含量的影响

由两年试验结果可知（表5-4），木霉菌处理下玉米根际土壤速效养分含量均随生育期推进呈升高—下降—升高的趋势，在 VT 时期达到最大值，其中，碱解氮和速效钾含量在 DAS 20d 时降至最低，而速效磷含量则在 DAS 40d 时降至最低，在 DAS 40d-R6 时期土壤速效养分含量均有所回升；而未施用木霉菌处理玉米根际土壤速效养分含量随生育期推进，在 VT 时期达到最大值，随后速效养分含量均表现为下降趋势。2015 年和 2016 年各生育期内 T1 和 T2 处理速效养分含量均显著高于 Con 处理（$P<0.05$），其中 2015 年个别生育期内 T1 和 T2 处理间速效养分含量差异不显著（$P>0.05$），但 2016 年时各生育期内 T1 处理均显著高于 T2 处理。

与未施用木霉菌处理（Con）相比，2015 年 T1 和 T2 处理下玉米全生育期内土壤碱解氮、速效磷和速效钾平均含量分别提高 10.84%、17.82%、38.93%（T1），17.69%、28.86%、51.68%（T2）；2016 年分别提高 11.24%、24.06%、43.44%（T1），19.16%、37.54%、57.55%（T2）。研究结果表明，连续两年施用木霉菌能够逐渐提高土壤速效养分含量。研究结果同时表明，2016 年速效养分含量高于 2015 年，且 2016 年 T1、T2 和 Con 处理下玉米全生育期内土壤碱解

氮、速效磷和速效钾平均含量较 2015 年增幅分别为 6.65%、10.01%、8.04%（T1），7.59%、11.52%、8.69%（T2），6.26%、4.48%、4.64%（Con），由此可见，Con 处理下玉米根际土壤速效养分含量增幅较小，施用木霉菌后土壤中的微生物数量增加，有助于土壤速效养分的固定，从而促进植株的生长，木霉菌处理玉米根际土壤速效养分含量增幅显著高于 Con 处理，研究同时发现 T2 处理提高幅度大于 T1 处理。

表 5-4　木霉菌对玉米根际土壤速效养分含量的影响

生育时期	处理	碱解氮（mg/kg）		速效磷（mg/kg）		速效钾（mg/kg）	
		2015 年	2016 年	2015 年	2016 年	2015 年	2016 年
V6	Con	109.29±4.22b	114.42±3.96c	50.97±2.23c	54.87±1.91c	148.77±25.56c	156.57±11.31c
	T1	122.07±2.42a	127.37±2.41b	60.08±6.34b	68.64±2.73b	197.62±20.21b	238.94±22.72b
	T2	126.68±9.72a	138.57±3.11a	69.63±5.02a	77.53±1.83a	217.73±14.05a	249.84±12.60a
VT	Con	125.11±6.53b	136.04±9.59c	76.89±3.97c	79.70±3.42c	157.07±17.56b	161.00±19.83c
	T1	147.41±8.83a	156.02±5.41b	82.66±3.41b	89.27±3.77b	234.66±13.13a	245.64±18.59b
	T2	154.93±6.79a	165.00±3.29a	88.22±2.66a	96.76±3.12a	244.13±16.11a	270.12±10.74a
DAS 20	Con	123.46±3.05b	131.33±4.01c	63.39±1.36b	68.04±1.36c	144.10±14.84c	153.21±15.45c
	T1	125.24±3.69b	133.22±3.71b	78.24±9.48a	83.32±5.32b	185.19±18.38b	194.59±18.51b
	T2	134.70±5.51a	142.65±5.61a	85.52±6.69a	92.45±5.15a	206.10±12.02a	215.27±12.02a
DAS 40	Con	121.97±3.59c	130.00±4.06c	56.93±2.13c	58.23±3.11c	141.14±13.91c	151.10±24.62c
	T1	131.35±7.47b	141.31±5.65b	65.68±2.41b	72.50±2.40b	196.63±14.33b	203.60±14.06b
	T2	140.95±6.03a	150.87±6.00a	72.22±2.01a	79.78±1.55a	216.59±17.21a	228.15±12.85a
R6	Con	118.90±2.89c	124.43±3.08c	55.39±3.06c	56.33±2.79c	140.97±14.02c	144.04±19.83c
	T1	137.55±6.83a	149.83±6.16b	71.00±1.14b	79.74±2.04b	202.93±13.00b	216.02±19.05b
	T2	147.38±4.91a	161.02±7.56a	76.86±4.42a	89.73±1.89a	225.81±11.72a	243.49±10.50a

5.3.5　木霉菌对玉米根际土壤脲酶活性的影响

由图 5-2 可看出，整个生育期内，各处理土壤脲酶活性从 V6 时期开始呈逐渐下降趋势，但木霉菌（T1 和 T2）处理在 R6 时期略有回升，而未施用木霉菌

（Con）处理脲酶活性则继续降低，这可能是由于土壤中木霉菌在生育后期仍具有一定活力，能够增加土壤的有机物质含量，进而增强脲酶活性，同时发现，2015 年和 2016 年脲酶活性变化趋势相似。

随种植年限增加，脲酶活性逐渐增加，2016 年各处理平均脲酶活性较 2015 年分别提高 27.58%（T1）、29.88%（T2）、18.43%（Con）。在两年的试验结果中均表现出 T1 和 T2 处理显著高于 Con（$P<0.05$），2015 年平均脲酶活性分别高出 33.19% 和 59.35%，2016 年 43.49% 和 74.75%，同时 T2 处理脲酶活性显著高于 T1 处理。在玉米生育后期，木霉菌处理仍维持较高脲酶活性，表明木霉菌处理能够有效缓解在玉米生育后期土壤肥力不足的情况。

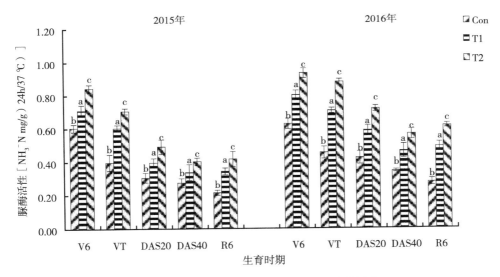

图 5-2　木霉菌对玉米根际土壤脲酶活性的影响

5.3.6　木霉菌对玉米根际土壤碱性磷酸酶活性的影响

由图 5-3 可知，木霉菌（T1 和 T2）处理土壤碱性磷酸酶活性随着生育期的推进，呈升高—下降—升高的趋势，在 VT 时期达到最大值，在 DAS 40d 时降至最低，R6 时期酶活性有所回升，而未施用木霉菌（Con）处理则在 VT 时期达到最大值后逐渐下降，R6 时期降至最低。

随着种植年限增加，碱性磷酸酶活性逐渐增加，2016 年碱性磷酸酶活性较 2015 年提高 11.94%、12.98%、7.05%。在两年的试验结果中均表现出 T1 和 T2 处理显著高于 Con（$P<0.05$），2015 年碱性磷酸酶平均活性分别高出 19.64% 和 35.93%，2016 年 25.11% 和 43.46%，同时 T2 处理碱性磷酸酶活性显著高于 T1 处理，说明施用木霉菌能够显著提高根际土壤碱性磷酸酶活性。

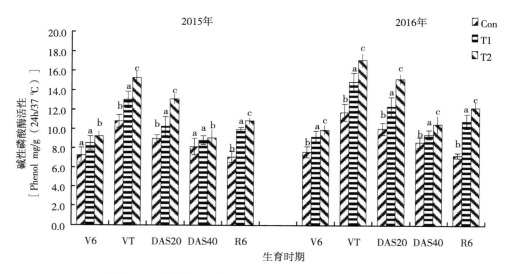

图 5-3　木霉菌对玉米根际土壤碱性磷酸酶活性的影响

5.3.7　木霉菌对玉米根际土壤蔗糖酶活性的影响

由图 5-4 可知，在玉米整个生育期内各处理土壤蔗糖酶活性随生育期的推进呈先升高后下降再升高的趋势，在 V6 至 VT 时期逐渐升高并达到最大，这可能由于该时期玉米生长迅速，需大量糖类物质，从而促进蔗糖酶活性升高，DAS 40d 时期降至最低，可能由于该时期温度等环境因素间接影响土壤微环境，从而抑制蔗糖酶活性。在 R6 时期均略有回升，可能由于在该时期玉米茎叶遮阴能力下降，尽管气温开始降低，但地表温度仍维持在一定水平，蔗糖酶活性在两年试验结果中变化趋势相似。

随种植年限增加，蔗糖酶活性逐渐增加，2016 年蔗糖酶活性较 2015 年提高

14. 12%、16. 91%、5. 68%。在两年的试验结果中均表现出 T1 和 T2 处理显著高于 Con（P<0. 05），2015 年蔗糖酶平均活性分别高出 19. 18%和 31. 93%，2016 年分别高出 28. 70%和 45. 94%，同时 T2 处理蔗糖酶活性显著高于 T1 处理，说明施用木霉菌能够显著提高根际土壤蔗糖酶活性。

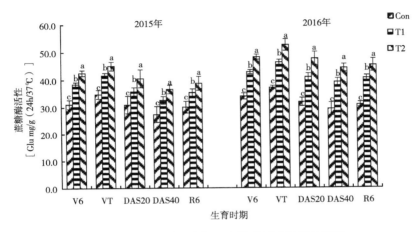

图 5-4　木霉菌对玉米根际土壤蔗糖酶活性的影响

5.3.8　木霉菌对玉米根际土壤过氧化氢酶活性的影响

由图 5-5 可知，施用木霉菌处理（T1 和 T2）随着生育期的推进，土壤过氧化氢酶活性呈先升高后下降再升高的趋势，在 VT 时期达到最高值后开始逐渐下降，DAS 40d 降至最低，R6 时期略有回升，而未施用木霉菌（Con）处理则在 VT 时期达到最大值后逐渐下降，在 R6 时期降至最低，T1 和 T2 处理酶活性显著高于 Con（P<0. 05），T1 和 T2 处理间除 2015 年 DAS 20d 和 40d 及 2016 年 DAS 20d 时期差异不显著外，其余时期 T2 处理均显著高于 T1。

随着种植年限的增加，过氧化氢酶活性逐渐增加，2016 年 T1、T2 和 Con 处理过氧化氢酶活性较 2015 年提高 6. 07%、6. 60%、5. 76%。在两年的试验结果中均表现出 T1 和 T2 处理显著高于 Con（P<0. 05），2015 年过氧化氢酶平均活性分别高出 16. 88%和 22. 56%，2016 年 17. 23%和 23. 54%，从整体来看，T2 处理较T1 处理能更有效地提高过氧化氢酶活性，这说明施用木霉菌在一定程度上提高

了土壤中过氧化氢酶的活性，减少了过氧化氢对植株的毒害。

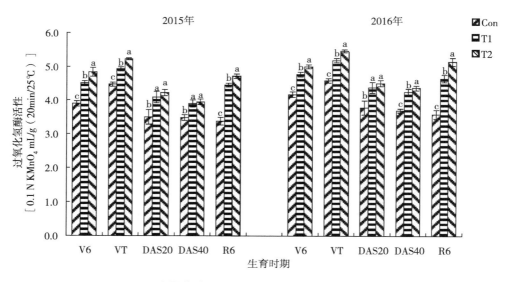

图 5-5　木霉菌对玉米根际土壤过氧化氢酶活性的影响

5.3.9　木霉菌对玉米根际土壤可培养微生物数量的影响

平板稀释培养结果显示（表 5-5），试验土壤中细菌数量比例最大，其次是放线菌，真菌最少。其中，放线菌可以产生抗生素，对作物生长的作用不可小觑，而真菌的存在则不利于土壤中的生物和作物生长，所以微生物的存在对土壤有着不可取代的重要意义。各处理下 3 种微生物在玉米生育前期内变化趋势相似，在 V6 至 VT 时期均呈上升趋势，在 VT 时期达到最大值，说明 V6 时期植株自身快速生长，从土壤中汲取大量养分，导致微生物数量较低，抽雄期植株由营养生长向生殖生长过渡，对土壤中养分需求较低，从而使微生物数量增加；但在玉米生育后期不同处理 3 种微生物变化趋势有所不同，其中细菌和放线菌数量变化趋势一致，均为 3 个处理在 DAS 40d 时降至最低，R6 时期略有回升，而真菌数量变化趋势表现为，T1 和 T2 处理在 DAS 20d 开始逐渐下降，R6 时期降至最低，Con 处理则在 DAS 20d 时降至最低，随后略有回升，这可能由于吐丝后植株开始生殖生长，需要土壤养分供应，因此导致土壤中营养物质减少，导致微生物数量下降。

随着种植年限的增加，玉米根际土壤中的可培养微生物均有所增加。2016年各处理细菌数量较 2015 年分别提高 15.60%、25.11% 和 5.29%，放线菌提高7.10%、8.17% 和 2.99%。在玉米整个生育期内，施用木霉菌（T1 和 T2）处理较 Con 处理均显著提高了玉米根际土壤细菌和放线菌数量（$P<0.05$），2015 年细菌平均数量提高 34.85% 和 47.81%，放线菌平均数量提高 13.97% 和 29.69%，2016 年细菌平均数量提高 48.06% 和 75.63%，放线菌平均数量提高 18.52% 和36.21%，表明木霉菌可刺激连作玉米根际土壤细菌和放线菌数量的增长。同时发现，T1 和 T2 处理在种植 1a 时，DAS 20~40d 细菌数量差异不显著，在种植 2a 时候差异显著，说明长期施用木霉菌处理会逐渐提高土壤有益微生物数量。

2016 年各处理细菌数量较 2015 年分别提高 11.62%（T1）、13.27%（T2）和 15.48%（Con）。在玉米整个生育期内，Con 处理真菌数量显著高于 T1 和 T2处理，2015 年提高 35.54%（T1）和 60.90%（T2），2016 提高 40.22%（T1）和 64.04%（T2）。表明玉米连作会导致土壤有害真菌数量增加，从而影响作物的抗病害能力，而木霉菌具有促进有益微生物生长的作用，同时对多种土传病害真菌有较好的拮抗作用，有效抑制病原真菌的生长，同时自身具有一定繁殖能力和空间竞争能力，因此可以改善玉米根际土壤真菌群落结构。在 V6 时期 T2 处理真菌数量显著高于 T1，这可能与刚施用木霉菌不久有关，随着生育期推进 T2 处理真菌数量逐渐低于 T1 处理，这可能由于高浓度木霉菌对玉米植株的促生效果更好，土壤养分大量供应植株生长，导致 T2 处理真菌数量低于 T1 处理；完熟期与吐丝期相比，T1 和 T2 处理真菌继续下降，可能与该时期 T1 和 T2 处理细菌数量较高，抑制了其他微生物生长，导致真菌数量下降，T2 处理真菌数量降幅较T1 处理小，这与 T2 处理木霉菌浓度较高有关，而 Con 处理真菌数量上升，说明连作会使土壤病原真菌数量上升。

由表 5-5 可以发现，与 Con 处理相比，在整个生育期内，木霉菌处理（T1和 T2）均增加了细菌的比例，降低了放线菌和真菌的比例。此外，土壤中微生物群类结构可以通过细菌和真菌数量的比值（B/F）来表示。B/F 值降低表明土壤有从高肥低害"细菌型"转为低肥高害"真菌型"的风险，与 Con 处理相比，

2015 年和 2016 年 T1 和 T2 处理均增加了 B/F 值，平均增幅分别为 1.83 倍和 2.37 倍，2.10 倍和 2.93 倍，且整体上 2016 年比值要高于 2015 年，Con 处理下 B/F 值下降显著，结合研究中细菌和真菌数量变化结果，玉米连作可能会导致土壤微生态失衡，进而导致土壤质量存在潜在危险。

表 5-5　木霉菌对玉米根际土壤可培养微生物数量的影响

生育时期	处理	细菌（10^6 cfu/g）		真菌（10^4 cfu/g）		放线菌 10^5（cfu/g）		细菌/真菌	
		2015	2016	2015	2016	2015	2016	2015	2016
V6	Con	3.69±0.35c	4.06±0.24c	3.96±0.35a	5.26±0.52a	7.31±0.05c	7.46±0.14c	93.15	77.25
	T1	4.30±0.07b	5.77±0.27b	2.63±0.15c	3.19±0.31c	8.03±0.56b	8.21±0.26b	163.17	180.50
	T2	4.96±0.33a	6.44±0.24a	3.18±0.15b	3.99±0.28b	8.83±0.10a	9.27±0.67a	155.93	161.28
VT	Con	5.86±0.47c	6.08±0.36c	5.73±0.18a	6.75±0.35a	7.59±0.39c	7.86±0.19c	102.18	90.08
	T1	7.58±0.48b	8.52±0.54b	4.65±0.34b	5.44±0.31b	8.39±0.17b	9.07±0.38b	162.94	156.60
	T2	8.68±0.41a	9.99±0.48a	3.79±0.29c	4.42±0.43c	9.40±0.31a	10.04±0.63a	229.22	225.87
DAS 20	Con	5.26±0.03b	5.57±0.32c	5.37±0.18a	6.04±0.43a	6.74±0.34c	7.00±0.42c	97.86	92.27
	T1	7.06±0.85a	7.50±0.89b	4.53±0.56b	4.78±0.23b	7.51±0.47b	8.25±0.91b	155.80	156.80
	T2	7.25±0.23a	9.34±0.75a	3.64±0.28c	4.03±0.29c	8.62±0.10a	9.63±0.40a	199.15	231.56
DAS 40	Con	4.18±0.64b	4.42±0.54c	5.77±0.79a	6.26±0.71a	5.68±0.34c	5.93±0.51c	72.51	70.64
	T1	6.12±0.47a	6.86±0.70b	4.37±0.41b	4.68±0.66b	6.80±0.77b	7.37±0.41b	139.97	146.54
	T2	6.21±0.27a	8.22±0.30a	3.20±0.33c	3.39±0.47c	7.88±0.10a	8.79±0.23a	194.02	242.69
R6	Con	4.48±0.28c	4.58±0.17c	5.99±0.43a	6.67±0.44a	5.95±0.32c	6.01±0.22c	74.81	68.58
	T1	6.60±0.21b	7.94±0.41b	3.61±0.14b	3.99±0.16b	7.18±0.51b	7.70±0.42b	183.02	198.92
	T2	7.60±0.31a	9.41±0.38a	2.87±0.26c	3.05±0.24c	8.42±0.42a	8.94±0.44a	264.94	308.70

5.3.10　木霉菌对玉米产量的影响

木霉菌处理的产量和经济性状均较 Con 处理有不同的提高和改善。施用木霉菌，提高了土壤有机质，改善了土壤的物理性状，且极大地刺激了土壤微生物的活性，并且显著增加了玉米的产量。产量是土壤肥力的综合反映，不同浓度木霉菌处理对土壤肥力特性的影响必然要反映到作物产量的变化上。由表 5-6 可看出，各处理间产量均达到显著差异水平（$P<0.05$），表现为 T2>T1>Con，2015年，T1 和 T2 较 Con 处理相比，产量分别提高 4.87% 和 10.95%，2016 年，产量分别提高 5.75% 和 12.41%，且随着木霉菌施用年限的增加，2016 年比 2015 年产量分别提高 3.80%（T1）、4.30%（T2）、2.94%（Con）。木霉菌处理比 Con 的产量优势主要来自较高的百粒重和穗粒数，从而导致产量的显著差异。

表 5-6　木霉菌对玉米产量的影响

年份	处理	穗行数	行粒数	百粒重（g）	产量（kg/hm²）
2015	Con	14.56c	28.00c	30.88c	9 597.12c
	T1	16.00b	30.78b	34.11b	10 065.36b
	T2	16.89a	34.11a	38.58a	10 647.72a
2016	Con	15.22c	30.22c	32.29c	9 879.45c
	T1	16.56b	32.67b	36.29b	10 447.83b
	T2	18.00a	38.78a	39.77a	11 105.57a

5.4　讨　论

植物根系表面受根系分泌物控制的薄层土壤通常被认为是植物的根际土壤，作物连作能够导致根际土壤理化性质变差、养分失衡和次生盐碱化，而微生物菌剂通过微生物的生命活动，直接或间接地为植物提供营养元素促进作物生长，同时促进作物对营养物质的吸收，提高作物抗病害能力，改善作物品质，增加作物产量。本章试验研究了木霉菌对玉米根际土壤盐分含量、土壤养分、酶活性、微生物数量及玉米产量的影响。

土壤中的盐分过度积累会严重影响作物的生长，其中主要的危害就是引起植物细胞的生理性干旱。分析本研究结果可知，与未施用木霉菌相比，施用木霉菌后玉米根际土壤全盐量、SAR 及 pH 值均呈下降趋势，脱盐率显著增加，一方面可能与施用木霉菌能够改善土壤的渗透性，促进土壤中盐分向下淋溶，减少土壤盐害的发生；另一方面由于施用木霉菌增加了微生物活性，而微生物能够分解土壤中的有机质，产生具有较强吸附性能的腐殖质物质，在土壤中可以吸附土壤的钠物质，降低土壤盐分，腐殖质含有大量的有机酸性物质，可以改善土壤的 pH 值，同时产生的酸性物质还能促进土壤中 $CaCO_3$ 的溶解，增加土壤中 Ca^{2+} 源[196]。木霉菌能够增强盐碱土的保水性，减少表层土壤水分的蒸发，按照"盐随水来，盐随水去"的盐分运移规律，从而减少了土壤表层盐分聚集，使得土壤更适于作物的生长发育，保证作物的健康生长，继而可以有效地利用盐碱化土地。

植物在生长过程需要很多必要的营养，其中绝大部分营养元素需要从土壤中吸取，而土壤养分含量高低就直接影响植物生长。有研究表明，土壤中微生物的种类很多，在土壤中的作用也不相同，如木霉菌在土壤中的代谢产物具有抑制土传病原菌，促进作物生长，提高植物抗病性的作用[197]。本试验研究发现，木霉菌能够显著提高玉米根际土壤的有机质含量，这可能是由于木霉菌能够改善土壤结构，优化土壤微生物种群，土壤一些自养微生物能够合成部分有机成分，从而使土壤中的有机质含量获得增加。同时研究结果发现土壤全氮、碱解氮、速效磷及速效钾含量在 VT 时期升高至最大值，且木霉菌处理显著高于 Con 处理，说明在玉米生长旺盛时期木霉菌能够较 Con 处理更好地为植株提供充足的养分，以保证植株的快速生长，而全磷含量在拔节期就达到最大值，这可能与木霉菌具有溶解难溶性磷酸盐的潜力，从而提高土壤中磷含量有关。在 R6 时期木霉菌处理养分含量有所回升，而 Con 处理则继续下降，说明在木霉菌处理下植株根系生长旺盛，在收获期根系死亡为微生物提供了较多的有机质，同时提高土壤养分含量，且高浓度木霉菌效果较好。2016 年土壤养分含量在一定程度上增加，这是因为这一年土壤得到改良，土壤中各类微生物得到大量生长，从而使土壤肥力逐渐提高，改善盐碱土壤及连作对玉米生长造成的危害。

土壤微生物代谢作用分泌的酶类与土壤中微生物数量具有非常紧密的联系，当土壤中微生物数量发生改变时，土壤中一些酶活性也会发生不同程度的变化[198]。本试验中施入木霉菌后，玉米根际土壤微生物类群发生变化，这就必然导致土壤中的酶活性发生改变。从施入木霉菌后土壤脲酶活性变化情况来看，木霉菌处理下脲酶活性显著高于未施用木霉菌的处理，且脲酶在玉米拔节期活性最高，随后酶活性有所下降，表明施用木霉菌后玉米在生育前期脲酶活性增强，提高了土壤有机氮的转化效率，使土壤中氮素积累丰富，从而能够满足生长后期的需要。在本试验中土壤磷酸酶、蔗糖酶及过氧化氢酶活性均在玉米抽雄期达到最大值后开始逐渐下降，且施用木霉菌处理均高于未施用木霉菌处理，这可能是因为在木霉菌处理下促进了玉米在生长高峰期增加核蛋白物质，对磷素的吸收增强，提高了土壤有效磷的含量，反过来诱导碱性磷酸酶活性增强，这与前人研究结果相似[199]，同时木霉菌处理促进玉米快速生长，从而需要大量糖类物质，促进蔗糖酶活性升高。施用木霉菌后提高了土壤中过氧化氢酶活性，这表明土壤中氧化作用增强，根际土壤微生物的代谢活跃，加快了土壤中过氧化氢的分解速率，缓解了其对根系的毒害作用，从而使玉米受盐碱胁迫的危害减弱。在本试验中，4 种土壤酶活性均在生育前期达到最大值，且木霉菌处理显著高于 Con 处理，表明木霉菌在玉米生长旺盛期对植株根系促生效果好于 Con 处理，增加根系代谢产物，从而提高酶活性。在生长后期，土壤酶活性出现不同程度的降低，与玉米根系开始衰老，植株代谢功能和养分吸收功能降低等有关，木霉菌处理下完熟期土壤酶活性略有回升，可能由于土壤中含有木霉菌和植株残体腐殖质较多导致酶活性升高。连续两年的试验发现，施用木霉菌能够逐渐地提高土壤酶活性，缓解盐碱土壤和连作对玉米生长造成的危害。

土壤微生物数量是反映土壤中生物活性的重要指标，对植物生长和土壤养分迁移和转化起重要作用。盐碱土壤环境中，土壤微生物的数量和活性都会受到明显的抑制，盐碱度越高，土壤微生物的数量就会降低得越明显[200]。本试验施用木霉菌后，木霉菌在土壤中大量定殖，不仅改善了土壤理化性质，改善土壤结构，同时促进了根系的生长发育，使根系分泌物增加，从而为土壤微生物提供了合适的生存环境和充足的碳源，使土壤微生物数量增加且活性提高，从而达到调控土壤生物性状的目的。微生物种群比例的变化对土壤肥力形成及养分供应具有明显的调节作用，而未施用木霉菌处理下土壤由于同一类型根系分泌物持续释放，使土壤的根际环境趋于单一化，从而使土壤中微生物群类构成发生改变，土壤中细菌和放线菌的数量呈下降趋势，而真菌则呈升高的趋势，导致对照处理的根际土壤微生物群类结构有从高肥的"细菌型"土壤向低肥的"真菌型"土壤转化的趋势。试验结果表明，在整个生育期内，T1 和 T2 处理下根际土壤细菌和放线菌数量显著高于 Con 处理，而土壤真菌数量则显著低于 Con 处理，且细菌和真菌比值高于 Con 处理，这些都表明，木霉菌能有效调节连作玉米根际土壤三大微生物群类的数量，改善玉米根际土壤微生态环境，提高细菌和放线菌数量，抑制土传病原真菌的生长，提高作物抗病能力，达到促进作物生长的效果；同时使作物根际聚集大量的有益微生物，能将有机物质转变为无机物，为作物提供养分，同时分泌生长刺激素的物质，促进作物生长，提高土壤肥力，最终提高了农作物产量。

本试验发现，施用木霉菌的处理，玉米穗粒数及百粒重均显著高于 Con 处理，其中 T2 处理产量最高，说明施用高浓度木霉菌在改善土壤理化和微生物特性等方面具有非常积极的作用，这些都有利于玉米产量的稳定增加。

5.5 小 结

田间试验表明，玉米植株的根际土壤盐分含量、有机质及养分含量、酶活性和微生物数量在整个生育期内随着木霉菌的施入呈现出不同的动态变化规律。施用木霉菌后降低了土壤盐分含量和 pH 值，改善了根际土壤微生物群体结构，使土壤中有益微生物和有机质含量增多，有机质在分解过程中能够产生大量的有机酸，改善根际土壤的理化性质和微生物活性，提高了根际土壤的养分含量，从而促进了玉米植株的生长发育，同时提高了玉米植株的抗性，最终获得较高的产量，高浓度木霉菌处理效果较好。

6 木霉菌对玉米根际土壤细菌群落多样性的影响

6.1 前 言

随着地球人口的不断增长，人们大量的不合理利用与开发土壤资源，导致土壤盐碱化程度日益严重，土壤盐碱化已经成为一个全球性的生态和资源问题，盐碱土壤正在严重威胁农业作物的生长发育，且逐渐成为主要胁迫因素[2]。黑龙江省是中国重要的粮食产区，同时也是寒地盐碱土壤比较集中的区域，盐碱土壤理化性质非常差[201]，盐碱土壤的微生物丰度显著低于普通农田土壤，导致大量土地利用率下降，耕作用地面积减少，严重制约作物生长，影响农业生态系统的可持续发展。在农业生态系统中土壤微生物对维持农田土壤质量、生产力和生态平衡起着非常重要的作用。细菌是土壤中最丰富，最多样化的微生物种群。细菌是陆地生态系统中几乎所有生物化学循环的主要驱动因素，并参与维持农业系统中土壤的健康和生产力[202]。土壤细菌群落结构对其生存的环境变化十分敏感。农田土壤环境是作物赖以生存的重要场所，农田生态系统直接影响作物的生长及产量。根际是联系植物和相关环境土壤之间养分交换的重要部位，根际土壤微生物多样性在一定程度上受土壤理化特性的影响[203]。

木霉菌作为一种重要的生防真菌，在土壤中可快速传播，强势定殖并能长期存活在作物根系表面，在作物及土壤中增殖并形成有效群体，促进根系生长及分泌多种化合物，诱导植物产生局部或系统抗性。木霉菌有很强的能力调动和吸收土壤养分，从而使其比许多其他土壤微生物更有效率和竞争力，从而有效改善土壤结构，促进土壤中有益微生物菌落的建立和维持，提高作物的养分利用效率，促进作物生长[204]。木霉菌已经在世界范围内被用作植物生长促进剂且得到广泛深入的研究，但是施用木霉菌对寒地盐碱土壤细菌群落影响及促进作物生长的机制尚未明确，因此本研究分析了木霉菌对寒地盐碱土壤细菌群落结构和组成及其对作物增产的影响，这对合理利用盐碱土壤资源和促进作物产量具有重要意义。高通量测序技术能够对寒地盐碱土壤细菌种群构成和功能多样性提供重要的量化依据，能够更好地了解寒地盐碱土壤细菌群落对不同浓度木霉菌的反应，从而揭示植物—土壤—微生物的相互作用，选择适宜浓度的木霉菌，从而改善农业生态系统和土壤功能。本研究在寒地盐碱土壤条件下，采用高通量测序技术对不同浓度木霉菌施用下玉米根际土壤细菌群落结构和增产效果进行了连续两年的试验，该研究对寒地盐碱土壤细菌群落结构提供了大量详细的信息，使我们能够详细分析玉米根际土壤细菌多样性和群落组成，为缓解寒地盐碱土壤对玉米生长的胁迫及合理利用寒地盐碱土壤资源提供相关理论依据，从而有效改善玉米根际土壤微生物丰度、酶活性和养分利用效率，最终提高作物产量，为当地改善玉米根际土壤生物学性状提供科学的理论依据。

6.2　材料与方法

6.2.1　试验地点和品种

同 5.2.1。

6.2.2　试验设计

同 5.2.2。其中，本章图表中 W-1、W-2、W-3 分别为抽雄期的 0.7 浓度木霉菌处理、对照处理、1.4 浓度木霉菌处理，W-4、W-5、W-6 分别为完熟期的 0.7 浓度木霉菌处理、对照处理、1.4 浓度木霉菌处理。

6.2.3 田间管理

同 5.2.3。

6.2.4 土壤样品采集及预处理

播种前采集基础土壤样品（0~20cm），分别于玉米抽雄期（VT）和完熟期（R6）在每个处理区随机采集长势一致的玉米植株 3 株，小心挖出玉米根系后，采用抖根法提取根际土壤，采样深度为 0~20cm，用灭菌镊子去除沙砾及作物根系等，装入无菌封口袋密封，迅速放入便携式冰盒中带回实验室，土壤过 2mm筛，然后将土样保存于-80℃，用于微生物多样性分析。

6.2.5 试验方法

6.2.5.1 土壤微生物基因组 DNA 抽提和检测

本试验采用土壤基因组 DNA 提取试剂盒（Fast DNA® Spin Kit for Soil，MP Biomedicals，USA）进行土壤微生物总 DNA 提取。每个样品准确称取 0.5g 鲜土，严格按照试剂盒操作说明提取土壤微生物总 DNA，提取的 DNA 溶解于 DES 缓冲液中。用 1% 琼脂糖电泳检测提取结果，并使用 NanoDrop 2000 核酸分析仪（Thermo Scientific，USA）测定浓度。检测完成后，DNA 保存于-20℃备用。

6.2.5.2 细菌 16SrRNA 基因的 PCR 扩增

本试验采用细菌特异性引物 338F 和 518R 对细菌 16SrRNA V4~V5 区进行PCR 扩增，具体引物序列如下。

338F：（5′-ACTCCTACGGGAGG CAGCAG-3′）

806R：（5′-GGAC TACHVGGGTWTCTAAT-3′）

（1）反应体系和反应条件（表 6-1）

表 6-1 荧光定量 PCR 反应体系

名称	反应体系	反应条件
DNA 模板	0.5μL	95℃，5min

（续表）

名称	反应体系	反应条件
×Buffer	5μL	95℃，30s
dNTPs	2.5μL	56℃，40s
引物1	2μL	72℃，40s
引物2	2μL	33，Cycles
Taq 酶	0.3μL	72℃，10min
dd H$_2$O 补足至	36μL	

（2）PCR 产物检测、纯化及测序

PCR 扩增产物使用 1%琼脂糖凝胶电泳鉴定和分离条带，使用 DNA 胶纯化试剂盒（Agarose Gel DNA Purification Kit，TaKaRa）对 PCR 产物进行纯化，纯化后的产物等量混合后进行 Illumina Miseq 测序。

（3）Illumina Miseq 测序数据处理

Illumina MiSeq 测序结果使用 QIIME（Quantitative Insights Into Microbial Ecology，Version 1.8.0）软件进行分析（http：//qiime.org/tutorials/tutorial.html）。

优质序列筛选：首先去除短于 200bp 以及平均质量分数低于 20 的序列，再通过 Uchime algorithm 软件去除嵌合体序列信息，得到优质序列。

OTU（Operational taxonomic units）聚类：将筛选后得到的优质序列使用 CD-HIT（Cluster Database at High Identity with Tolerance）基于 97%相似度水平进行 OTU 聚类。

序列比对：将聚类获得的 OTUs 在 NCBI（National Center for Biotechnology Information）基因库进行序列比对（最低相似度 0.80）。

（4）Illumina Miseq 测序数据统计分析

物种分类学分析：参考 16SrRNA 细菌数据库 http：//www.arb-silva.de，采用 RDP classifier 贝叶斯算法对 97%相似水平的 OTU 代表序列进行分类学分析，并分别在门、纲、目、科、属、种 6 个分类水平统计各个样品的群落组成，分析各个分类水平下不同处理间微生物种群结构和微生物丰度变化情况。

α-多样性分析：通过 QIIME 计算菌群丰富度指数 Chao1、菌群多样性指数

Shannon、Simpson 和测序深度指数 Coverage。其中，Chao1 用来估计样品中所含 OTU 数目。Shannon 和 Simpson 用来估算样品中微生物多样性，Shannon 值越大，说明群落多样性越高；而 Simpson 指数值越大，说明群落多样性越低。Coverage 是指各样本文库的覆盖率，其数值越高，则样本中序列被测出的概率越高，而没有被测出的概率越低，该指数反映本次测序结果是否代表了样本中微生物的真实情况。

β-多样性分析：β-多样性指标是用来比较多组样本之间的差别度量，本研究采用 OTU 水平数据通过 NMDS 分析（Non-metric multidimensional scaling）来衡量样本间多样性。该分析使用 R 软件（R v. 3. 2. 0）中的 vegan 数据包进行分析。

6.3   结果与分析

6.3.1   高通量测定分析木霉菌对玉米根际土壤细菌多样性的影响

稀释曲线：由彩图 4 可知，样本曲线的延伸终点的横坐标位置为该样本的测序数量，如果曲线趋于平坦表明测序已趋于饱和，增加测序数据无法再找到更多的 OTU；反之表明不饱和，增加数据量可以发现更多 OTU。本次分析是在 97% 相似性水平下划分 OTU 并制作各样品的稀释曲线，各样品曲线相对平坦，更多的取样只会产生少量新的 OTU，这说明取样数量合理，取样深度能够满足分析要求。

6.3.2   多样性分析

6.3.2.1   细菌丰富度和多样性分析

如表 6-2 所示，以 97% 的一致性将序列聚类成为 OTUs，由 Good's coverage 可知，各样品细菌文库的覆盖率在 97. 45% ~ 98. 24%，测序深度满足要求，本次测序结果能够代表样本的真实情况。其中各处理在抽雄期和完熟期细菌丰富度和多样性表现有所不同，各处理观测到物种数大小顺序细菌分别为：W-1 = W-2 > W-3，W-4 > W-6 > W-5。

从土壤细菌种群丰度指数可以看出，不同处理土壤微生物在抽雄期和完熟期

Chao1 指数的大小表现分别为 W-1>W-2>W-3，W-4>W-5>W-6，可见，在玉米抽雄期和完熟期均表现高浓度木霉菌对细菌种群丰度具有抑制作用，而低浓度木霉菌处理对土壤细菌种群丰度具有一定促进作用。

从土壤细菌种群多样性可以看出，在抽雄期 Shannon 指数大小表现为 W-2>W-3>W-1，在完熟期表现为 W-5>W-6>W-4；在玉米抽雄期和完熟期细菌种群多样性表现对照处理下 Shannon 指数最大，木霉菌处理对 Shannon 指数具有一定抑制作用，其中低浓度木霉菌抑制更明显。

表 6-2　玉米根际土壤细菌多样性指数

Sample Name		Observed species	Chao1	Shannon	Good's coverage
抽雄期	W-1	1 113	1 346.12	8.39	0.974 9
	W-2	1 113	1 283.38	8.55	0.978 9
	W-3	1 091	1 248.58	8.47	0.979 3
完熟期	W-4	1 114	1 353.89	8.15	0.974 5
	W-5	1 049	1 207.45	8.50	0.979 3
	W-6	1 070	1 188.32	8.37	0.982 4

注：Shannon 指数用来计算群落多样性，Shannon 指数越大，说明群落多样性越高；Chao1 丰富度估计量用来计算群落丰度，Chao1 值越大代表物种总数越多；Good's coverage 用来计算测序的覆盖度，其数值越高，则覆盖度越好

6.3.2.2　根际土壤细菌的均匀度

Rank-abundance 曲线是分析多样性的一种方式。可用来解释多样性的两个方面，即物种丰度和均匀度。从本试验结果可以看出，在抽雄期，不同处理土壤细菌群落 Rank-abundance 曲线中（彩图 5）表现为 W-2>W-3>W-1，W-2 处理的曲线在横轴上的长度最长。在完熟期，不同处理间则表现为 W-4>W-6>W-5，W-4 处理的曲线在横轴上长度最长。各处理土壤的曲线较平坦，说明细菌群落物种组成的均匀程度较高且物种丰富。

6.3.3　基于分类地位的细菌群落结构多样性分析

6.3.3.1　样品土壤细菌群落组成特征

经与数据库对比分析，统计各类水平的群落组成，细菌种群的 OTUs 分布在

21 个不同门类中。由彩图 6A 可知，各样品土壤细菌门类主要包括：变形菌门占 43.8%、酸杆菌门占 21.7%、芽单胞菌门占 10.2%、拟杆菌门占 8.1%、放线菌门占 4.1%、绿弯菌门占 3.9%，以上所占比例共计 91.8%。另外，硝化螺旋菌门占 2.6%、疣微菌门占 1.6%，所占比例较少，二者所占比例为 4.2%。变形菌门、酸杆菌门、芽单胞菌门、拟杆菌门等在本试验地区土壤细菌群落结构中占主导地位。分类结果显示，在优势菌门中，变形菌门在各样本中所占比例 38.2% ~ 53.1%，酸杆菌门在各样本中占比例 13.7% ~ 28.6%，这两个细菌门类在样本群落结构中占主导地位。变形菌门在全部样本中的丰度最大，本试验检测到了 *alpha*-、*beta*-、*gamma*- 和 *delta*- 这 4 类变形菌，其中以 *Alpha* 变形菌纲最为丰富，占变形菌门序列总数的 20.2%。

全部样品中丰度较高的细菌属为（彩图 6B）：鞘氨醇单胞菌、*Blastocatella*、硝化螺旋菌属、*Haliangium*、芽单胞菌属、交替赤杆菌属、*Bryobacter*、*Terrimonas*、*Polycyclovorans*、*Lolium_ perenne*。另外检测到不可培养菌种类菌群所占比例为 43.9%，说明土壤环境中存在大量不可培养微生物；未归入任何菌属的序列比例占 38.6%，这说明试验区域还保存一大批未被认识的菌种资源。

6.3.3.2 各处理土壤细菌群落组成及分布差异

从土壤细菌群落组成及分布图（彩图 7 和彩图 8），我们发现各处理土壤中，土壤优势菌的结构和相对丰度上存在一定差异。

（1）细菌门

在细菌门分类水平上，不同生育期内，施用和未施用木霉菌处理在细菌菌落组成上并无较大差别。但是，在不同生育期土壤细菌菌群结构和相对丰度上有所差异（彩图 7），抽雄期，变形菌门、酸杆菌门、芽单胞菌门在 W-1 和 W-3 处理中相对丰度较高，变形菌门、酸杆菌门、拟杆菌门在 W-2 处理中相对丰度较高；完熟期，变形菌门、酸杆菌门、芽单胞菌门在各处理中相对丰度均较高。

变形菌门是细菌中最大的门类，种类繁多，代谢形式多样。本试验中变形菌门在各处理样品中占绝对优势（彩图 7），在土壤中的广泛分布占据了微生物群落组成的主要部分。变形菌门在土壤生态系统功能中占有非常重要的位置。变形菌门在不同处理的土壤中所占比例均有所不同，抽雄期，变形菌门在 W-2 处理中比例最大，达到 45.1%，在 W-3 处理中占 44.6%；完熟期，变形菌门在 W-4 处理中所占比例最大，为 53.1%。变形菌纲具有促进植物抵抗多种植物病原菌，并提高植株抗氧化能力。本试验中，抽雄期各处理变形菌纲在土壤菌群中所占比例大小依次为 W-3>W-2>W-1；在完熟期表现为 W-4>W-6>W-5，这证明了木霉菌具有较好的促生作用。

酸杆菌门是根据分子生态学最新划分出的一类在土壤中广泛存在的细菌群类，它具有非常丰富的代谢和功能的多样性，陆地、海洋沉淀物和活性淤泥都是它主要分布的区域，它的存在对生态系统的稳定性具有非常大的贡献，同时其丰度与土壤 pH 值呈负相关。在本试验土壤检测中发现（彩图 7），不同生育期间，不同处理下酸杆菌门相对丰度有所不同，抽雄期表现为 W-1>W-3>W-2，完熟期表现为 W-6>W-5>W-4，且高浓度处理在完熟期相对丰度高于抽雄期，酸杆菌门菌群中的 SG4 和 SG6 在抽雄期均表现为 W1>W-3>W-2，完熟期为 W-6>W-5>W-4，表明木霉菌处理能够有效地降低盐碱土壤 pH 值。

在土壤有机碳较高的土壤中更适合拟杆菌门细菌的生长，本试验中拟杆菌门细菌丰度在不同生育期内构成有所差异（彩图 7），不同处理间菌落所占比例有所不同，抽雄期，拟杆菌门丰度 W-2>W-3>W-1，完熟期，W-4>W-6>W-5，这说明在生长旺盛期，木霉菌处理能够有效促进植株根系吸收土壤有机质，为植株生长提供充足养分，而完熟期则促进土壤中有机质的积累。各处理间芽单胞菌门丰度在抽雄期表现为 W-3>W-2>W-1，完熟期，表现为 W-4>W-5>W-6。硝化螺旋菌门菌群能够降低盐碱土壤的盐碱度，本试验检测到的硝化螺旋菌门菌群比例在抽雄期为 W-3>W-1>W-2，完熟期为 W-4>W-6>W-5，均表现为木霉菌处理高于对照处理，说明木霉菌处理能够有效地改善盐碱土壤。本试验土壤样品中（彩图 7），与对照处理相比，放线菌门菌群在木霉菌处理下相对丰度较高，且低浓度木霉菌处理相对丰度略高于高浓度木霉菌处理，对放线菌门菌群的进一步分析发现一些菌群在检测土壤中也具有一定的比例，如 *Frankiales* 和酸微菌目的含量在木霉菌处理的土壤中较大，但不同浓度处理间相对丰度有所差异。

在检测过程中还发现绿弯菌门，疣微菌门等也在土壤细菌群落中占有一定比例，但是比例较小（彩图 7）。本试验土壤中绿弯菌门菌群在抽雄期表现为 W-

2>W-1>W-3，完熟期为 W-5>W-6>W-4，均表现为未施用木霉菌处理中所占比例最大，这与该类菌群以自养型为新陈代谢方式有关。本试验中疣微菌门菌群相对丰度在抽雄期表现为 W-1>W-3>W-2，完熟期为 W-6>W-4>W-5，菌群结构比例有所差异，因此，木霉菌处理与疣微菌门菌群的互作关系也有待进一步研究。

（2）细菌属

不同处理土壤样品中，细菌的种群结构相对丰度的差异在细菌科、属一级分类水平上表现得更为突出（彩图 8）。本研究发现，试验土壤样品中还有很大一部分细菌在科、属分类水平上属于不可培养及未能划分归类的。在已明确细菌属分类中，*Alpha*-变形菌纲的鞘氨醇单胞菌属能够提高植株的抗氧化能力，并参与氮循环，它在 *Alpha*-变形菌纲中所占比例最大，抽雄期大小为 W-1>W-3>W-2，完熟期为 W-4>W-6>W-5，表明木霉菌能够提高鞘氨醇单胞菌属的相对丰度，从而促进植株生长，低浓度木霉菌对鞘氨醇单胞菌属的刺激效果好于高浓度木霉菌；*Alpha*-变形菌纲根瘤菌目菌群具有固氮作用，在不同生育期内表现为木霉菌处理下显著高于对照处理，说明木霉菌能够提高土壤中氮素利用率；同时研究发现，*Gamma*-变形菌纲寡养单胞菌属是木霉菌处理下独有菌属，具有降解土壤中农药残留的功能，不同浓度间相对丰度不同；*Delta*-变形菌纲 *Haliangium* 在抽雄相对丰度大小为 W-2>W-3>W-1，完熟期 W-5>W-4>W-6，但该菌群具体功能还有待进一步研究。

硝化螺旋菌门的硝化螺旋菌属在抽雄相对丰度大小为 W-3>W-1>W-2，完熟期 W-4>W-6>W-5，该类菌属能够产生酸性物质从而改善土壤的盐碱化程度；酸杆菌门的 *Blastocatella* 在抽雄相对丰度大小为 W-1>W-2>W-3，完熟期 W-6>W-5>W-4；芽单胞菌门芽单胞菌属在抽雄相对丰度大小为 W-2>W-3=W-1，完熟期 W-4>W-6>W-5；拟杆菌门 *Terrimonas* 在抽雄相对丰度大小为 W-2>W-3>W-1，完熟期 W-4>W-6>W-5。

6.3.4　不同处理 OTU 分布比较-Venn 图

Venn 图能够直观地反映不同样品之间共有和特有的 OTU 数目，表现出各样品之间 OTU 的重叠情况。本次分析使用的 OTU 相似水平即为 97%。彩图 9 分别代表玉米抽雄期和完熟期各处理间 OTU 分类图,抽雄期各处理共有 1 377 个 OTUs,分别有 1 113、1 181、1 128个 OTUs 在 W-1、W-2 和 W-3 群落。其中,W-1 和 W-2 共享 123 个 OTUs,W-1 和 W-3 共享 83 个 OTUs,W-2 和 W-3 共享 115 个 OTUs,W-1、W-2 和 W-3 共享 862 个 OTUs。完熟期各处理共有 1 372 个 OTUs,分别有 1 169、1 068、1 095个 OTUs 在 W-4、W-5 和 W-6 群落。其中,W-4 和 W-5 共享 118 个 OTUs,W-4 和 W-6 共享 143 个 OTUs,W-5 和 W-6 共享 85 个 OTUs。随着生育期的推进,不同浓度木霉菌处理与对照处理共享的 OTUs 均有所下降,而不同浓度木霉菌处理间共享的 OTUs 则升高。比较不同处理土壤中 OTU 聚集程度发现,抽雄期对照处理 OTU 有效序列数多于木霉菌处理,而完熟期则反之。各处理下丰度较高的 OTU 包括 OTU2、OTU9、OTU10、OTU12、OTU13、OTU17,它们分别占各处理 OTU 序列总数的 11.76%~20.67%,其中 OTU2 在各处理中的丰度均为最高。

6.3.5 基于 OTUs 的主成分分析

对各处理根际土壤细菌的 OTUs 数量矩阵进行主成分分析(PCA)来反映菌群的差异和距离。分析结果如彩图 10 所示,第一主成分对样品差异的贡献值为 54.9%,第二主成分对样品差异的贡献值为 15.3%,累计贡献率达 70.2%,构成变异的主要来源,能够用于解释变量的大部分信息。通过 PCA 分析 6 各样品在 PC 坐标轴上的明显分布差异,不同时期各处理土样可以分为 3 组,W-1 和 W-5 分别单独一组,W-2、W-3、W-4、W-6 为一组。在抽雄期,W-2 和 W-3 分布距离较近,与 W-1 相距较远,表明不同浓度木霉菌在生育前期对土壤细菌群落的影响有所不同。在完熟期,W-4 和 W-6 距离较近,与 W-5 距离较远,说明在生育末期,不同浓度木霉菌处理下的细菌菌群结构具有一定的相似性。

6.3.6 不同处理下土壤细菌群落结构 Heatmap 图

通过 Heatmap 图可以直观地以数值的大小来定义颜色的深浅,并将高丰度和低丰度的物种分块聚类,通过颜色梯度及相似程度来反映多个样本在分类水平上群落组成的相似性和差异性。彩图 11 可见，不同生育时期的 6 个处理土壤样本细菌群落丰度可聚为两大类，W-1 和 W-6 处理聚为一类再与 W-5 聚为一类，W-3 和 W-4 处理聚为一类再与 W-2 聚为一类，表明不同生育时期的木霉菌处理样品具有相似的结构，与对照处理下菌群结构丰度差异较大。同时可以发现，样品中还包括不可分离培养及不能确定属分类的菌群聚类在一起，表明还有很多未知的菌群有待研究，同时鞘氨醇单胞菌属在已知属水平分类中比例最大，且在木霉菌处理下丰度显著高于对照处理，并单独聚为一类，其他菌属则聚为一类。

6.3.7 基于 FastUniFrac 的不同处理土壤细菌群落结构多样性差异分析

Unweighted Unifrac 距离作为 Beta 多样性距离是衡量两个样品间的相异系数的指标，其值越小，表示这两个样品在物种多样性方面存在的差异越小。由彩图 12 可以看出，不同生育期内木霉菌处理与对照处理、高浓度和低浓度木霉菌处理之间的细菌群落结构存在明显差异性，其中，W-5 处理与木霉菌处理土壤的细菌结构差异最大，W-2 次之。Unifrac 分析结果显示，抽雄期 W-2 与 W-1 和 W-3 的差异分别为 0.215 7（W-1）和 0.224 0（W-3），完熟期 W-5 与 W-4 和 W-6 处理的差异性分别达到了 0.303 1（W-4）和 0.257 8（W-6），表明与对照相比，抽雄期高浓度木霉菌处理细菌多样性高于低浓度，而完熟期时则相反，同时完熟期木霉菌处理细菌群落差异大于抽雄期；W-2 和 W-5 之间差异为 0.284 6，则表明在玉米连作条件下，随着生育时期推进对照处理间的细菌群落结构发生显著差异。木霉菌处理，W-1 与 W-3 和 W-4 与 W-6 差异性分别为 0.215 8 和 0.245 6，表明生育后期细菌群落结构差异变化大于生育前期。W-1 与 W-4 和 W-3 与 W-6 差异性分别为 0.230 6 和 0.222 5，表明随着生育期推进，低浓度细菌群落结构差异性变化大于高浓度。

6.3.8 玉米根际土壤优势菌群与土壤性质之间的相关性

利用 Pearson 相关性分析，分析优势门、属与土壤理化性质之间的相关性，结果如表 6-3 和表 6-4 所示，优势菌门中酸杆菌门、绿弯菌门、疣微菌门与土壤

pH 值呈显著负相关，酸杆菌门、疣微菌门与土壤有机质、全氮、全磷、速效氮、速效磷、速效钾呈显著正相关，绿弯菌门与土壤全磷、速效氮、速效钾呈显著正相关，而其他优势菌门与 pH 值呈正相关，放线菌门与土壤全磷、速效氮呈显著负相关，芽单胞菌门与土壤有机质、全氮、速效氮、速效磷、速效钾呈显著负相关，硝化螺旋菌门与土壤全氮、全磷、速效氮、速效磷呈显著负相关，变形菌门与土壤有机质、全氮、全磷、速效氮、速效磷、速效钾呈显著负相关。

优势菌属中，*Blastocatella*、芽单胞菌属、交替赤杆菌属与所有土壤理化性质均不存在相关性，其他优势菌属均与土壤理化性质存在显著相关性。其中硝化螺旋菌属、鞘氨醇单胞菌属、寡养单胞菌属与土壤 pH 值呈显著负相关，与其他土壤理化性质呈正相关，而 *Haliangium* 与 pH 值呈显著正相关，与其他理化性质则呈显著负相关。*Bryobacter* 与土壤全磷、速效磷呈显著正相关，反硝化类固醇杆菌与土壤全氮、全磷、速效磷呈显著正相关。

表 6-3　玉米根际土壤细菌优势菌群与土壤理化性质之间的相关性分析（门水平）

门	有机质	全氮	全磷	速效氮	速效磷	速效钾	pH 值
酸杆菌门	0.705 **	0.851 **	0.869 **	0.892 **	0.850 **	0.821 **	−0.947 **
放线菌门			−0.950 **	−0.681 *			0.755 *
拟杆菌门			−0.849 **				
绿弯菌门			0.886 **	0.682 *		0.786 *	−0.791 *
芽单胞菌门	−0.839 **	−0.901 **		−0.929 **	−0.943 **	−0.723 *	0.894 **
硝化螺旋菌门		−0.708 *	−0.809 **	−0.789 *	−0.729 *		0.807 *
变形菌门	−0.677 *	−0.818 **	−0.857 **	−0.856 **	−0.836 **	−0.743 *	0.905 **
疣微菌门	0.806 **	0.915 **	0.755 *	0.942 **	0.931 **	0.847 **	−0.966 **

注：** 代表 *P*<0.01，* 代表 *P*<0.05，下同

表 6-4　玉米根际土壤细菌优势菌群与土壤理化性质之间的相关性分析（属水平）

属	有机质	全氮	全磷	速效氮	速效磷	速效钾	pH 值
硝化螺旋菌属	0.616 *	0.664 *		0.72 *		0.765 *	−0.647 *
鞘氨醇单胞菌属	0.603 *						−0.666 *
Blastocatella							

（续表）

属	有机质	全氮	全磷	速效氮	速效磷	速效钾	pH 值
Haliangium	−0.941**	−0.675*		−0.794*		−0.826*	0.915*
芽单胞菌属							
交替赤杆菌属							
Bryobacter			0.716*		0.674*		
寡养单胞菌属	0.921**	0.880*		0.928**	0.777*	0.943**	−0.921**
反硝化类固醇杆菌			0.609*	0.745*		0.718*	

6.4　讨　论

　　目前，由于耕地面积的短缺及土壤的次生盐碱化，使盐碱地危害受到了人们的关注，而了解盐碱地的土壤特性对改善土壤盐碱化及提高其生产力具有重要的意义。土壤养分循环过程中，土壤细菌具有非常重要的地位，因此当土壤细菌的数量降低时会引起土壤微生物功能的失调，从而使土壤养分和肥力的降低。细菌在盐碱地的生物化学进程中具有非常重要作用，但是关于寒地盐碱地土壤细菌的相关研究均较少。

　　土壤生态系统中微生物种群的丰富度和均匀度被称为土壤微生物多样性。本研究检测结果表明，施用木霉菌处理对玉米根际土壤的细菌多样性产生较大影响，不同浓度木霉菌处理间土壤细菌多样性、丰富度及均匀度有所差异。木霉菌处理土壤样品中细菌菌落多样性较对照处理低，这可能是与木霉菌促进植株快速生长从土壤中吸收大量养分，导致部分细菌生长受到抑制；同时与木霉菌在土壤中具有较强繁殖能力和竞争能力也有关。高浓度木霉菌能提高土壤细菌多样性但降低细菌丰度，低浓度木霉菌则正好相反，这说明不同浓度木霉菌使玉米根际土壤细菌群落结构发生变化，改变菌种的均匀度，从而影响了细菌多样性与丰富度的关系。木霉菌作为生防真菌，施入到土壤中必然会引起土壤微生物数量的差异或群落结构的变化，进而影响物种的均匀度和丰富度，使土壤微生物多样性指数发生变化。

基于 RDP 与 SILVA 数据库的分析显示，玉米根际土壤中，变形菌门、酸杆菌门等是主要的细菌类群，这与前人对土壤微生物群落的研究结果一致[205]。本试验中变形菌门在玉米根际土壤中的比例最高，有相关研究结果表明，变形菌门在农业土壤中具有非常重要的地位，它能以复杂的有机物和植物残体作为碳源和氮源。变形菌门中 α-变形菌、γ-变形菌等是非常重要的亚类，研究表明，在土壤养分条件较好的土壤环境表现出对 α-变形菌、γ-变形菌等具有潜在高生长速度的微生物的正向选择性[206]；α-变形菌群对土壤中复杂化合物具有一定降解功能，同时在土壤营养物质积累较多的情况下丰度较高，且有利于植物根际土养分循环和供应。本研究中木霉菌处理下 α-变形菌所占比例相对较高，但是不同浓度处理间有差异。酸杆菌门是一类生长比较缓慢的贫营养菌群，其丰富度与土壤 pH 值呈负相关，一般在土壤 pH 值较低的土壤环境中酸杆菌门菌类丰度较高[207]。同时也有研究表明，在土壤中酸杆菌门的生长不仅受到土壤 pH 值的影响，还可能受到土壤中有机质含量及作物生长状况等其他因素的影响[208]。本研究中，抽雄期，施用木霉菌处理降低了土壤 pH 值，所以酸杆菌门在木霉菌处理下相对丰度高于对照处理；完熟期时，高浓度木霉菌相对丰度高于对照，而低浓度处理则略低于对照处理。放线菌门菌群是土壤中分布较广的细菌门类，同时能够作为土壤养分的供给来源。同时研究发现，酸杆菌门能够促进土壤中植物残体的腐烂，同时在自然界氮素循环中也有一定的作用[209]，*Frankiales* 与酸微菌目是放线菌门的两个优势菌群，研究发现 *Frankiales* 与植物固氮作用相关[210]。本研究中，施用木霉菌处理后显著提高了土壤中放线菌门的相对丰度，这可能是因为木霉菌提高了土壤中全氮含量，从而促进了放线菌门的相对丰度。

有研究表明，在土壤有机碳较高的土壤中更适合拟杆菌门的生长，它还是有机碳的主要矿化者[211]。本研究发现，抽雄期，对照处理土壤拟杆菌门相对丰度高于木霉菌处理；完熟期，木霉菌处理则高于对照处理，这可能与抽雄期木霉菌促进玉米植株快速生长，导致土壤中有机碳大量供应植株生长，而完熟期木霉菌处理的土壤有机碳高于对照处理，从而导致拟杆菌门丰度表现出这样的变化规律。有研究表明，芽单胞菌门具有强烈的反硝化作用[212]。本试验结果表明，在抽雄期，高浓度木霉菌处理下，植株生长旺盛，植物呼吸的作用较强，致使根系周围氧含量降低，从而导致土壤反硝化作用加强，芽单胞菌门丰度较高，而低浓度处理和对照处理下芽单胞菌门的丰度相近，完熟期变化规律则相反，这可能与完熟期高浓度处理下木霉菌丰度较高相关。硝化螺旋菌门类菌群对土壤中氮循环具有非常重要的作用，它能够将亚硝酸盐氧化成为硝酸盐，减少亚硝酸盐在土壤中的过度积累，从而有利于植株的正常生长[213]。同样有研究指出[214]，盐碱土壤在硝化细菌作用下能够产生较多的酸性物质，从而在一定程度上能够改善盐碱土壤，这也说明硝化螺旋菌门菌属微生物菌落能够有助于减缓土壤的盐碱度，本研究中施用木霉菌能够提高硝化螺旋菌门相对丰度从而降低盐碱土壤对玉米植株的胁迫。近年来，一些研究结果认为，拟杆菌门、芽单胞菌门、硝化螺旋菌门类细菌在干旱地区的土壤中数量较多[215]，能够作为土壤属性变迁的生物学指标。但不同木霉菌浓度处理间土壤菌群丰度差异是否与木霉菌的功能菌为真菌有关，还有待进一步研究。

绿弯菌门是位于称作绿体的微囊中的一种具有绿色色素的细菌，能够依靠光能进行光合作用来适应比较贫瘠的土壤环境。本试验分析表明，在未施用木霉菌处理的土壤条件下丰度较高，这与绿弯菌门能够不依赖土壤养分供给，在代谢类型上属于自养型细菌有关，它在土壤养分较低的土壤中更具有生存优势。同时，这类细菌在其他处理土壤中也存在一定比例，这说明它们是土壤生态环循环的重要组成部分。目前研究发现疣微菌门类细菌可能在碳循环过程中发挥一定的作用，更深入的研究还比较少[216]。

在已知的细菌菌属中，α-变形菌纲的鞘氨醇单胞菌属菌株是降解芳香族污染物的主要菌株，对试验区土壤污染的净化起到显著作用[217]，本研究中施用木霉菌后能够促进鞘氨醇单胞菌属数量的增加，改善土壤环境，从而促进植株生长。γ-变形菌纲的寡养单胞菌属是木霉菌处理下的独有菌属，它具有降解土壤中农药残留的能力[218]。已有的研究发现根瘤菌目具有固氮作用[219]，并且含有反硝化基因（nirK、nirS）[220]。本试验中不同浓度木霉菌处理土壤中根瘤菌目菌群含量很高，这可能与施用木霉菌后促进土壤氮素转化有关。此外变形菌门中的伯克氏菌目能够分解芳香族化合物[221]；酸杆菌门的 Blastocatella 能够将复杂的有机烃类及含氮物质分解为小分子物质[222]，本试验结果发现不同生育时期内，不同

木霉菌浓度对 *Blastocatella* 的相对丰度影响不同，说明不同浓度木霉菌处理间的机制有所差异，还有待深入研究；拟杆菌门的 *Terrimonas* 具有好氧反硝化能力[223]。芽单胞菌门芽单胞菌属是一类与土壤中磷代谢相关的菌属，本研究中抽雄期对照处理下芽单胞菌属相对丰度显著高于木霉菌处理，完熟期则表现为木霉菌处理丰度较高，说明在生长旺盛期时木霉菌能够促进植株从土壤中吸收磷素供生长所需，导致芽单胞菌属丰度降低，而完熟期木霉菌能够促进土壤中的难溶性磷素的转化，从而提高了芽单胞菌属的丰度，这些均与木霉菌的解磷机制相符合。

不同处理下土壤真菌群落聚类中研究发现，本试验土壤样品中硝化螺旋菌属和 *Haliangium*，芽单胞菌属和交替赤杆菌属，*Terrimonas* 和 *Parafilimonas* 等菌属聚类在一起，这说明这些菌属在玉米根际土壤中可能具有一定的相似性，但是相关菌属在玉米根际土壤中的具体功能还有待进一步研究。

总体来说，在玉米根际土壤细菌属分类水平上，施用木霉菌处理对土壤细菌多样性的影响较大，在已确定的细菌属分类中，木霉菌处理所占比例高于未施用木霉菌处理，且木霉菌处理下土壤有益细菌的相对丰度显著高于对照处理，从而起到促进植株生长的效果。

6.5 小 结

本研究将高通量测序技术应用于黑龙江寒地盐碱土壤微生态的研究，明确了木霉菌对玉米根际土壤微生物多样性的影响，揭示了寒地盐碱土壤中微生物组成及丰度。细菌多样性测序结果表明，土壤样品中共检测出 21 个细菌门类，151 个细菌属类，主要细菌门类为变形菌门 43.8%、酸杆菌门 21.7%、芽单胞菌门 10.2%、拟杆菌门 8.1%、放线菌门 4.1%。不同生育时期内，细菌种群的丰度均表现为高浓度木霉菌处理下受到一定抑制，而低浓度处理下则相反，细菌种群的多样性均表现为对照处理最大，不同浓度木霉菌处理对多样性有一定抑制作用，低浓度抑制更为明显。在细菌群落属水平分析发现，与对照处理相比，不同生育时期木霉菌处理均显著提高了硝化螺旋菌属、鞘氨醇单胞菌等菌属相对丰度，同时发现寡养单胞菌属为木霉菌处理的独有菌属。Pearson 相关分析表明，土壤细菌群落组成的变化与土壤特性密切相关，如 pH 值，OM，TN 等与木霉菌处理高度相关，说明不同浓度木霉菌的长期效应对土壤微生物群落的影响可能受到根际土壤性质变化的间接驱动。综上表明木霉菌能够提高土壤有益细菌数量，优化土壤细菌群落结构，改善土壤理化特性，从而提高玉米植株的抗逆性，促进植株生长。同时研究发现一些菌属在不同生育时期木霉菌处理和对照处理相对丰度有所不同，但是其对根际土壤的作用机制还有待进一步研究。

7 木霉菌对玉米根际土壤真菌群落多样性的影响

7.1 前 言

　　松嫩平原是中国重要的粮食主产区和商品粮基地，同时也是中国寒地盐碱土壤集中分布区，随着人口的不断增长，人们大量的不合理利用与开发土壤资源，导致土壤盐碱化程度日益严重。它减少了植物生长，从而降低了农业生产力，在严重的情况下，它导致农业土壤被遗弃，这对粮食生产和环境可持续性构成了严重威胁，为防止生态系统恶化，人们采取一系列改良措施缓解寒地盐碱土壤恶化趋势。

　　土壤真菌在陆地生态系统的分解和养分循环过程中具有非常重要的作用。土壤真菌群落与植物和土壤形成互惠的共生关系[224]，改善土壤机构，以提高养分的吸收。过去，真菌培养和形态鉴定中存在的问题极大地限制了真菌群落组成和多样性的研究。高通量测序为研究生态系统中的土壤真菌生态学提供了一个全新的视角。根据"环境选择和适应"的概念，土壤真菌群落的组成可能受到环境变量的影响。前人研究发现，土壤真菌多样性对植物和土壤性质具有重要的影响[225]，一方面，较高的真菌多样性和复杂的群落组成提高了土壤养分的分解速率，促进了养分吸收和循环。另一方面，植物为土壤真菌的生长提供了大量的光合碳，从而通过获得的能源来影响土壤真菌多样性[226]。作物根系是作物生长过程中吸收水分和盐分的重要部位，作物根系能够感受、识别土壤环境中的逆境信号，向作物转导，控制、调节作物生长，适应环境变化。生态系统中土壤真菌多样性、植物性质和根际土壤性质之间存在较强的相互作用，但是研究过程中很少关注土壤真菌生态影响植物和根际土壤性质。因此，分析土壤真菌多样性与植物和根际土壤性质之间的联系，对探索植物和根际土壤性质如何控制真菌多样性的微生物机制具有重要意义。

迄今为止，已证明木霉菌参与促进植物生长和对环境胁迫的耐受性，揭示了盐胁迫下植物、土壤与木霉菌株之间相互作用的一些机制[135-139]。由此可知，木霉菌诱导后作物对土壤环境胁迫的适应是一种复杂和协调的反应，涉及生理、生化、代谢和分子水平的多种机制。近年来，土壤微生物的研究成为人们研究的热点，但是与细菌相比，人们对真菌的群落多样性的研究仍然不够深入。研究寒地盐碱土壤真菌组成及其对施用木霉菌的响应对于揭示作物—土壤真菌群落结构—木霉菌互相作用以改善农业生态系统和土壤功能非常重要。本研究采用高通量测序技术，对寒地盐碱土壤条件下，施用不同浓度木霉菌后玉米植株根际土壤真菌多样性和群落结构间的关系进行研究分析，以明确不同浓度木霉菌对玉米根际土壤真菌多样性的影响规律，为当地改善玉米根际土壤质量提供科学的理论依据。

7.2 材料与方法

7.2.1 试验地点和品种

同 5.2.1。

7.2.2 试验设计

同 5.2.2。其中，本章图表中 W-1、W-2、W-3 分别为抽雄期的 0.7 浓度木霉菌处理、对照处理、1.4 浓度木霉菌处理，W-4、W-5、W-6 分别为完熟期的 0.7 浓度木霉菌处理、对照处理、1.4 浓度木霉菌处理。

7.2.3 田间管理

同 5.2.3。

7.2.4 土壤样品采集及预处理

同 6.2.4。

7.2.5 试验方法

7.2.5.1 土壤微生物基因组 DNA 提取

同 6.2.5.1

7.2.5.2 真菌 ITS rRNA 基因的 PCR 扩增

本试验采用真菌特异性引物 ITS1-F 和 ITS2 对真菌 ITS rRNA 进行 PCR 扩增，具体引物序列如下。

ITS1-F（5′-CTTGGTCATTTAGAGGAAGTAA-3′）

ITS2（5′-TGCGTTCTTCATCGATGC-3′）

反应体系和反应条件，同 6.2.5.2

PCR 产物检测、纯化及测序，同 6.2.5.2

Illumina Miseq 测序数据处理，同 6.2.5.2。

Illumina Miseq 测序数据统计分析，同 6.2.5.2。

7.3 结果与分析

7.3.1 高通量测定分析木霉菌对玉米根际土壤真菌多样性的影响

稀释曲线：由彩图 13 可知，本次分析是在 97% 相似性水平下划分 OTU 并制作各样品的稀释曲线，从图中可以看出，各样品曲线相对平坦，更多的取样只会产生少量新的 OTU，这说明取样数量合理，取样深度能够满足分析要求。

7.3.2 多样性分析

7.3.2.1 真菌多样性分析

如表 7-1 所示，以 97% 的一致性将序列聚类成为 OTUs，由 Good's coverage 可知，各样品真菌文库的覆盖率在 99.72%～99.78%，测序深度满足要求，本次测序结果能够代表样本的真实情况。其中各处理在抽雄期和完熟期真菌丰富度和多样性表现有所不同，各处理观测到物种数大小顺序真菌分别为：W-1>W-2>W-3，W-6>W-5>W-4。

从土壤真菌种群丰度指数可以看出，不同处理土壤真菌在抽雄期和完熟期Chao1指数的大小表现分别为 W-2>W-1>W-3，W-6>W-4>W-5，由此可见，在抽雄期时，对照处理的真菌 Chao1 指数最大，说明施用木霉菌能够在玉米生长旺盛期抑制土壤病原真菌数量，有利于作物生长，且高浓度木霉菌抑制作用更明显，而在完熟期时木霉菌处理 Chao1 指数大于对照处理。

从土壤真菌菌群多样性的指数可以看出，在抽雄期 Shannon 指数大小表现为W-2>W-1>W-3，在完熟期表现为 W-6>W-4>W-5，对照处理在抽雄期真菌Shannon 指数最大，木霉菌处理则低于对照处理，在完熟期时，木霉菌处理则显著高于对照处理。

表 7-1　玉米根际土壤真菌多样性指数

生育时期	处理	Observed species	Chao1	Shannon	Good's coverage
抽雄期	W-1	558	620.19	5.38	0.997 8
	W-2	557	637.29	6.30	0.997 6
	W-3	534	602.33	4.57	0.997 6
完熟期	W-4	467	600.79	4.02	0.997 2
	W-5	486	575.13	3.52	0.997 4
	W-6	516	604.06	5.41	0.997 6

注：Shannon 指数用来计算群落多样性，Shannon 指数越大，说明群落多样性越高；Chao1 丰富度估计量用来计算群落丰度，Chao1 值越大代表物种总数越多；Good's coverage 用来计算测序的覆盖度，其数值越高，则覆盖度越好

7.3.2.2　根际土壤真菌的均匀度

在不同处理土壤真菌群落 Rank-abundance 曲线中（彩图 14），抽雄期表现为 W-1>W-2>W-3，W-1 处理的曲线在横轴上的长度最长；完熟期表现为 W-6>W-5>W-4，W-6 处理的曲线在横轴上的长度最长。表明在生育前期低浓度木霉菌处理的土壤真菌群落物种组成最丰富，而生育末期则表现为高浓度木霉菌处

理群落物种组成最丰富，各处理土壤的曲线较平坦，说明真菌群落物种组成的均匀程度较高且物种丰富。

7.3.3　基于分类地位的真菌群落结构多样性分析

7.3.3.1　样品土壤真菌群落组成特征

经与数据库对比分析，统计各类水平的群落组成，真菌种群的 OTUs 主要分布在 10 个不同门类中。由彩图 15A 可知，各样品土壤真菌门类主要包括：子囊菌门占 72.0%、担子菌门占 12.7%、球囊菌门占 1.7%、UN-k-Fungi 占 11.2%、接合菌门占 1.8%，以上所占比例共计 99.4%。分类结果显示，在优势菌门中，子囊菌门在各样本中所占比例 65.4% ~ 81.3%，担子菌门在各样本中占比例 3.7%~21.5%，这两种真菌门在样本群落结构中所占比例较高，同时发现一类未能确定的真菌 UN-k-Fungi，且在木霉菌处理下丰度比例最大，表明土壤真菌群落结构中仍有我们未发现的门类。子囊菌门在全部样本中的丰度最大，本试验检测到了粪壳菌纲在子囊菌门中所占比例最大为 56.6%。

全部样品中丰度较高的真菌属为（彩图 15B）：木霉属、新丛赤壳属、角担菌属、茎点霉属、支顶孢属、Schizothecium、帚枝霉属、小脆柄菇属。另外检测出未鉴定到属的真菌菌群所占比例为 39%，未能鉴定的真菌菌群比例，类菌群所占比例为 3.6%，说明土壤环境中存在大量我们不熟悉的真菌微生物。

7.3.3.2　各处理土壤真菌群落组成及分布差异

从土壤真菌群落组成及分布图（彩图 16 和彩图 17），我们发现各处理土壤中，土壤优势菌的结构和相对丰度上存在一定差异。

（1）真菌门

在真菌门分类水平上，在不同生育期土壤真菌菌群结构和相对丰度上有所差异（彩图 16），抽雄期，不同处理土壤子囊菌门所占比例大小为 W-3>W-1>W-2，完熟期表现为 W-5>W-4>W-6；担子菌门在抽雄期表现为 W-2>W-1>W-3，完熟期为 W-6>W-5>W-4，与对照相比，抽雄期不同浓度木霉菌处理子囊菌门真菌增加而担子菌门真菌急剧减少，完熟期不同浓度木霉菌处理子囊菌门真菌减少而担子菌门真菌增加，高浓度比低浓度处理变化明显。除子囊菌门和担子菌门物种丰度较高外，分析结构中 UN-k-Fungi 的相对丰度也较高，其相对丰度为 11.2%，在各处理中所占比例为抽雄期 W-3>W-2>W-1，完熟期 W-6>W-4> W-5，该类菌门功能有待深入研究。球囊菌门在各样品中相对丰度较小，不同生育期间，对照处理所占比例高于木霉菌处理。接合菌门在各样品中相对丰度同样较低，但不同生育期间，木霉菌处理所占比例高于对照处理，低浓度木霉菌处理所占比例高于其他处理。由此可以看出不同生育期内，各处理土壤菌群在门水平上的构成基本相同，但是不同处理间菌群所占比例有很大差异。

（2）真菌属

不同处理土壤样品中，真菌的种群结构相对丰度的差异在属一级分类水平上表现如彩图 17。本研究发现，试验土壤样品中还有很大一部分真菌在属分类水平上属于未能鉴定真菌及未能鉴定到属水平的真菌，真菌群落结构中属水平丰度较高的有新丛赤壳属、木霉属、角担菌属、小脆柄菇属、*Schizothecium*、茎点霉属、帚枝霉属、赤霉属、*Myrmecridium*、被孢霉属、镰刀菌属、支顶孢属。

玉米抽雄期，在已知属水平上，子囊菌门的木霉属菌为木霉菌处理的优势菌群，且以棘孢木霉为主，各处理棘孢木霉丰度所占比例为 W-3>W-1>W-2，W-2 所占比例非常小，处理 W-3 和 W-1 所占比例是 W-2 的 63.75 倍和 39.25 倍；担子菌门的角担菌属菌群在木霉菌处理下所占比例次之，各处理表现为 W-1> W-3>W-2，是处理 W-1 中仅次于棘孢木霉的第二优势菌属，较对照高出 31.25 倍；子囊菌门的新丛赤壳属菌各处理所占比例分别为 W-2>W-3>W-1，对照处理显著高于木霉菌处理；子囊菌门的镰刀菌属菌群各处理所占比例分别为 W-2> W-1>W-3；子囊菌门的茎点霉属在表现为 W-3>W-2>W-1；担子菌门的小脆柄菇属为对照处理的优势菌群，且为对照处理独有菌属。

在玉米完熟期，子囊菌门的新丛赤壳属各处理所占比例分别为 W-5>W-4> W-6，是对照处理 W-5 的优势菌群，比例达到 59.7%，而木霉菌 W-4 和 W-6 处理则只占 1.3% 和 0.2%；棘孢木霉菌所占比例为 W-6>W-4>W-5，棘孢木霉菌所占比例较抽雄期有所下降，但是仍显著高于对照处理；子囊菌门的茎点霉属菌属所占比例为 W-6>W-5>W-4；角担菌属各处理所占比例为 W-6>W-4>W5，是处理 W-6 的优势菌群，较对照高出 35.75 倍。子囊菌门镰刀菌属菌属完熟期各处理所占比例较小，对照处理高于木霉菌处理。本研究土壤样品检测结果中显示，对照处理下棘孢木霉所占比例非常小，表明试验区域内几乎没有棘孢木霉存在。

由此可以发现，不同生育时期内，木霉菌处理能够提高有益真菌如木霉属、角担菌属的相对丰度，也提高了病原真菌如茎点霉属相对丰度，但是所占比例非常小，对照处理下新丛赤壳属和镰刀菌属等病原真菌所占比例较大，为优势菌属，木霉菌处理所占比例较小，其中，新丛赤壳属和镰刀菌属属于同门同纲同目同科的菌属，两菌属与木霉属只在科水平上不同，因此更加说明施用木霉菌能够显著抑制土壤病原真菌的丰度，从而缓解土壤病原真菌对植株生长的危害。同时在检测土壤中的一些比例较小的真菌菌属如支顶孢属、*Schizothecium*、帚枝霉属、*Myrmecridium*、被孢霉属等，不同浓度木霉菌处理对其丰度影响有所差异，因此这些菌属在根际土壤中的作用还需要进一步研究。

7.3.4 不同处理 OTU 分布比较–Venn 图

本次分析使用的 OTU 相似水平为 97%。彩图 18 分别代表玉米抽雄期和完熟期各处理间 OTU 分类图，抽雄期各处理共有 830 个 OTUs。分别有 590 个、561 个、550 个 OTUs 在 W-1、W-2 和 W-3 群落。其中 W-1 和 W-2 共享 98 个 OTUs，W-1 和 W-3 共享 69 个 OTUs，W-2 和 W-3 共享 86 个 OTUs，W-1、W-2 和 W-3 共享 309 个 OTUs。完熟期各处理共有 723 个 OTUs，分别有 469 个、497 个、516 个 OTUs 在 W-4、W-5 和 W-6 群落。其中 W-4 和 W-5 共享 67 个 OTUs，W-4 和 W-6 共享 60 个 OTUs，W-5 和 W-6 共享 68 个 OTUs。随着生育期的推进，不同浓度木霉菌处理与对照处理共享的 OTUs 和不同浓度木霉菌处理间共享的 OTUs 均有所下降。本试验研究发现不同生育期内，不同处理间 OTU 序列丰度分布特征均有所不同，比较不同处理土壤中 OTU 聚集程度发现，在丰度排名前 100 的 OTU 中，各处理间均存在各自丰度最高的 OTU。抽雄期，W-1 和 W-3 处理 OTU3 丰度最高，占 OTU 序列总数的 15.74% 和 25.51%，W-2 处理 OTU7 丰度最高，占 7.12%；完熟期，W-4 处理 OTU2，W-5 处理 OTU1，W-6 处理 OTU5 在各自处理下丰度最高，分别占 OTU 序列总数的 45.19%、59.74%、

14.22%，且随着生育期的推进，施用木霉菌提高了 OTU2 和 OTU5 的丰度；对照处理 OTU1 丰度也随生育期显著提高。各处理间共有的较高丰度 OTU 有：OTU2、OTU4、OTU5、OTU12、OTU14、OTU15、OTU20，它们分别占各处理 OTU 序列总数的 8.37%~66.13%。

7.3.5　基于 OTUs 的主成分分析

对各处理根际土壤真菌的 OTUs 数量矩阵进行主成分分析（PCA）来反映菌群的差异和距离。分析结果如彩图 19 所示，第一主成分对样品差异的贡献值为30.5%，第二主成分对样品差异的贡献值为 24.4%，累计贡献率达 54.9%，构成变异的主要来源，能够用于解释变量的大部分信息。通过 PCA 分析 6 各样品在PC 坐标轴上的明显分布差异，不同时期各处理土样可以分为 3 组，W-1、W-2、W-3 为一组，W-4 和 W-6 为一组，W-5 为一组。抽雄期，W-1 和 W-3 分布距离较近，完熟期，W-4 和 W-6 距离较近，说明玉米抽雄期和完熟期，不同浓度木霉菌处理具有相似的真菌群落结构，而对照处理的真菌群落结构变化较大。

7.3.6　不同处理下土壤真菌群落结构 Heatmap 图

由彩图 20 可见，在属水平下，不同生育时期的 6 个处理土壤样本真菌群落丰度可聚为三大类，W-1 和 W-6 相聚后再与 W-3 聚为一类，W-4 和 W-5 处理聚为一类，W-2 单独聚为一类。表明抽雄期对照处理与木霉菌处理真菌群落差异较大，不同浓度木霉菌处理间具有相似结构，完熟期高浓度木霉菌处理则与其他处理真菌群落差异较大。新丛赤壳属单独聚为一类，UN-o-Hypocreales 单独一类；木霉菌与 UN-k-Fungi 聚为一类，两者具有一定的相似性，因此 UN-k-Fungi 菌群功能有待进一步探究。说明样品土壤中还有很多未知的真菌群落。

7.3.7　不同处理下基于 FastUniFrac 的土壤真菌群落结构差异分析

由彩图 21 可以看出，抽雄期，W-1 和 W-3 处理差异性较小，完熟期，W-4 和 W-6 差异较小，而对照处理与木霉菌处理均差异较大。Unifrac 分析结果显示，抽雄期，W-2 与 W-1 和 W-3 处理的差异分别为 0.591 3 和 0.669 1，完熟期，W-5 与 W-4 和 W-6 处理的差异性分别达到了 0.807 4 和 0.817 2，表明不同生育期内，与对照处理相比，高浓度木霉菌处理真菌群落多样性高于低浓度处理，且木霉菌处理下完熟期真菌群落差异大于抽雄期；W-2 和 W-5 处理差异为 0.834 4，表明在生育期前期和后期 W-2 和 W-5 真菌群落间相似性小。木霉菌处理间，W-1 与 W-3 和 W-4 与 W-6 差异性分别为 0.573 6 和 0.639 4，表明生育后期真菌群落结构差异大于生育前期。W-1 与 W-4 和 W-3 与 W-6 差异性分别为 0.754 7 和 0.689 3，表明随着生育期推进，低浓度处理真菌群落结构差异性大于高浓度。

7.3.8 玉米根际土壤优势菌群与土壤性质之间的相关性

利用 Pearson 相关性分析，分析优势门、属与土壤理化性质之间的相关性，结果如表 7-2、表 7-3 所示，结果表明，优势菌门中子囊菌门与土壤 pH 值呈显著正相关，与土壤养分含量（包括有机质、全氮、全磷、速效氮、速效磷、速效钾）呈显著负相关，而 UN-Fungi 则与土壤 pH 值呈显著负相关，与土壤养分含量（包括有机质、全氮、速效氮、速效磷、速效钾）呈显著正相关。担子菌门与土壤有机质、全氮及速效磷呈显著正相关；球囊菌门与速效氮、速效钾呈显著负相关；接合菌门与全磷、速效钾呈显著正相关。

优势菌属中，支顶孢属与所有土壤理化性质均不存在相关性，其他优势菌属均与土壤理化性质存在显著相关性。其中木霉属和被孢霉属与土壤 pH 值呈显著负相关，与土壤养分含量呈显著正相关；赤霉属、小脆柄菇属、镰刀菌属与土壤 pH 值呈显著正相关，而与土壤养分含量呈显著负相关；新丛赤壳属与土壤全氮、全磷、速效氮、速效磷呈显著负相关；*Myrmecridium* 与土壤全氮、速效氮、速效磷、速效钾呈显著正相关；角担菌属与土壤有机质、速效氮、速效钾呈显著正相关。

表 7-2　玉米根际土壤细菌优势菌群与土壤理化性质之间的相关性分析（门水平）

门	有机质	全氮	全磷	速效氮	速效磷	速效钾	pH 值
子囊菌门	-0.855 **	-0.912 **	-0.694 **	-0.870 **	-0.936 **	-0.788 *	0.862 **
担子菌门	0.691 *	0.810 **			0.690 *		

（续表）

门	有机质	全氮	全磷	速效氮	速效磷	速效钾	pH 值
球囊菌门				-0.680*		-0.849**	
UN-Fungi	0.811**	0.811**		0.859**	0.823**	0.855**	-0.671*
接合菌门			0.721*			0.689*	

注：** 代表 $P<0.01$，* 代表 $P<0.05$，下同

表 7-3　玉米根际土壤细菌优势菌群与土壤理化性质之间的相关性分析（属水平）

属	有机质	全氮	全磷	速效氮	速效磷	速效钾	pH 值
木霉属	0.789*	0.766*	0.744*	0.771*	0.738*	0.777*	-0.726*
被孢霉属	0.638*						-0.707*
支顶孢属							
赤霉属	-0.668*	-0.888**	-0.778*	-0.829*	-0.807*	-0.81*	0.708*
新丛赤壳属		-0.818*	-0.873*	-0.738*	-0.877*		
Myrmecridium		0.745*		0.684*	0.645*	0.682*	
角担菌属	0.581*			0.524*		0.525*	
小脆柄菇属	-0.688*			-0.545*		-0.618*	0.691*
镰刀菌属	-0.771*	-0.678*		-0.757*		-0.799*	0.807*

7.4　讨　论

土壤真菌群落结构是土壤微生物区系的重要组成部分，与土壤中其他微生物共同参与土壤生态系统的物质循环和能量流动，土壤真菌能够参与无机质的分解和有机质的矿化和腐殖化，在改良土壤肥力和稳定农业生态系统循环等方面具有非常重要的地位[227]。土壤真菌能够通过菌丝体包裹土壤颗粒，提高颗粒的黏附性，对促进土壤团具体的形成具有重要作用[228]。

本研究通过 Chao1 指数评估的土壤真菌群落丰度，结果表明在玉米抽雄期对照处理真菌群落丰度最大，高浓度木霉菌处理最小；在完熟期高浓度木霉菌处理真菌群落丰度最大，对照处理最小。通过 Shannon 指数评估土壤真菌群落多样

性，在玉米抽雄期对照处理真菌群落多样性最大，高浓度木霉菌处理最小；在完熟期高浓度木霉菌处理真菌群落多样性最大，对照处理最小。这说明不同浓度木霉菌处理下，根际土壤真菌种群丰富度和多样性的变化相同，这些影响可能与木霉菌的生防机制有关，一方面木霉菌能够通过定植在植物根际通过对营养和空间的竞争来抑制病原真菌的生长和繁殖，同时产生抗生素抑制或杀死病原真菌，另一方面木霉菌能够提高土壤中的养分含量为植物提供营养物质，促进植株生长，这可能是导致抽雄期木霉菌处理下真菌丰度和多样性较低的原因。

基于 RDP 与 SILVA 数据库的分析显示，本研究玉米根际土壤中，子囊菌门、担子菌门是主要的真菌优势类群，前人在其他作物上真菌群落结构研究结果发现子囊菌门相对丰度最高，其次是担子菌门，这与本研究样品中真菌群落组成结果一致[229]。也有研究指出土壤中最丰富的真菌类群为担子菌门，其次才是子囊菌门，与本研究不同，这种差异可能是由各自土壤在 pH 值、盐分含量等土壤特性不同造成的[230]。在本研究结果中子囊菌门在玉米根际土壤中占主导地位，在抽雄期木霉菌处理所占比例高于对照处理，在完熟期对照处理高于木霉菌处理；子囊菌门能够降解土壤中的腐烂有机物，同时能够与其他真菌共生[231]。

有研究表明，丛赤壳类真菌包含一些给农业和林业生产带来灾害的植物病原菌[232]。本研究结果发现木霉菌对抑制丛赤壳类病原真菌具有一定效果。本试验结果同时发现，木霉菌处理下土壤病原真菌如镰刀菌属真菌的相对丰度显著低于对照处理，表明施用木霉菌能够有效地抑制土壤病原真菌，从而促进植株生长，与前人研究木霉菌通过定植在植物根际通过对营养和空间的竞争来抑制病原真菌的生长和繁殖，木霉菌对病原真菌的重寄生，木霉菌产生抗生素抑制或杀死病原真菌等[233]生物防治机制相吻合。研究表明子囊菌门的茎点霉属菌属是农作物和经济作物的重要病原菌，可引起植株叶部和茎部病害[234]，同时也是进出口检疫的重点菌属，本试验结果中发现，茎点霉属在抽雄期和完熟期均表现为高浓度木霉菌处理丰度较大，低浓度处理丰度最小，这表明低浓度对茎点霉属具有一定的抑制作用，因此，木霉菌对茎点霉属的作用机制值得进一步探究。相关研究结果显示，担子菌门的角担菌属能够通过与土壤中的病原菌竞争养分和生存空间[235]，同时还能够提高植株抗氧化能力，提高植株抗性，增强植株对病原菌的抵抗能力，从而促进植物生长。本研究中，不同生育时期内，木霉菌处理下角担菌属丰度均显著高于对照处理，这表明木霉菌能够促进土壤有益真菌的丰度，从而促进植株生长，但是不同浓度间所产生的差异还有待进一步研究。在木霉菌处理下，不同生育期内棘孢木霉菌表现为优势菌群，且高浓度处理丰度高于低浓度处理，表明施用木霉菌后，木霉属真菌可在玉米植株根际大量定殖，而木霉属真菌能够产生多种次级代谢产物（如聚酮类、萜烯类、氨基酸及其衍生物等），其生物活性可表现为抗植物病原活性、促进植物生长等[236]。此外，该属真菌能产生纤维素酶从而迅速将纤维素降解为葡萄糖。因此，植物根系对根际微生物具有选择性，将导致根际微生物群落组成和结构的显著差异[237]。施用木霉菌后对土壤一些未知的真菌群落也具有一定的促进作用，但是该类真菌群落在玉米根际土壤中的具体作用还有待明确。

不同处理下土壤真菌群落聚类中研究发现，本试验土壤样品中木霉属和 UN-k-Fungi，角担菌属和 UN-f-*Magnaporthaceae*，茎点霉属和支顶孢属，小脆柄菇属和 *Schizothecium* 等菌属聚类在一起，这说明这些菌属在玉米根际土壤中可能具有一定的相似性，但是相关菌属在玉米根际土壤中的具体功能还有待深入研究。

本试验地区玉米种植主要以雨养为主，结果发现木霉菌处理下，玉米根际土壤 pH 值下降，根系特性增强，表明土壤环境适宜木霉菌生长，同时玉米根系分泌物的增加和土壤中有机物的分解，进一步有助于改善木霉菌生存环境，说明木霉菌在该地区气候条件下和土壤环境下能够较好地适应及生长，从而表现出较好的促生作用，同时改善了土壤真菌群落结构，因此木霉菌处理最终使玉米产量获得提高。在接下来的研究中，我们会在不同土壤环境条件下进行试验，研究木霉菌对不同土壤环境的响应机制，为不同地区的木霉菌应用提供参考。

7.5　小　结

真菌多样性测序结果表明，土壤样品中共检测出 10 个真菌门类，172 个真菌属类，主要真菌门类为子囊菌门 72.0%、担子菌门 12.7%、球囊菌门 1.7%、UN-k-Fungi 11.2%。不同生育时期内，真菌种群的丰度均表现为对照处理>低浓度处理>高浓度处理，而真菌种群的多样性均表现为高浓度>低浓度>对照处理。在真菌群落属水平分析发现，不同生育时期木霉菌处理下，木霉属和角担菌属为优势菌属，显著高于对照处理，其中茎点霉属则在木霉菌处理下丰度高于对照处理，但在真菌群落中所占比例较小，而对照处理下病原真菌镰刀菌和丛赤壳属丰度显著高于木霉菌处理，小脆柄菇属是对照处理下独有菌属，同时发现试验土壤范围内对照处理下几乎没有木霉菌属，说明寒地盐碱土壤中木霉生防真菌资源贫瘠。Pearson 相关分析表明，土壤真菌群落结构的变化与土壤特性密切相关，如 pH 值、OM 和 TN 等与木霉菌处理高度相关。以上表明木霉菌处理对土壤中病原真菌丰度具有非常显著的抑制作用，同时有效提高促生真菌的丰度，优化土壤真菌群落结构，从而改善土壤理化特性，促进玉米植株生长。

8 结论与创新之处

8.1 结 论

8.1.1 木霉菌对玉米幼苗根际土壤特性的影响

木霉菌处理使土壤中 Na^+、HCO_3^- 含量最高降幅分别为 19.49% 和 35.56%（XY335），20.07% 和 36.05%（JY417），显著缓解了盐碱胁迫下高浓度盐分离子对玉米幼苗根际土壤的损伤，降低了土壤 pH 值和 SAR 值，使根际土壤有机质含量提高了 65.37%（XY335）和 67.38%（JY417），进而增加土壤速效养分含量，提高土壤根际酶活性，1×10^9 spores/L 浓度处理下效果最好。

8.1.2 木霉菌对玉米幼苗活性氧代谢的影响

木霉菌调节了盐碱胁迫下玉米幼苗体内离子平衡，使 Na^+ 含量最高降低 40.01%~53.76%，促进了渗透物质合成，增强抗氧化系统防御能力，使 ROS 含量降低了 42.73%~71.54%，从而减少体内 ROS 对膜质过氧化损伤，使植株的株高和干重最高增幅了 55.93% 和 78.15%（XY335）、39.42% 和 61.43%（JY417），显著提高了玉米根系特性，1×10^9 spores/L 浓度处理下效果最好。

8.1.3 木霉菌对玉米幼苗光合特性及氮代谢的影响

木霉菌显著提高玉米幼苗体内光合荧光特性和叶绿体 ATP 酶活性，降低盐碱胁迫对光合电子传递的抑制及光合作用的非气孔抑制，使光合速率提高了101.94%（XY335）和80.56%（JY417），从而为氮代谢提供了更多原料和能量，有效调节植株氮代谢途径，减轻氨毒效应，调节氮代谢紊乱，最终提高植株耐盐碱能力，促进植株生长，1×10^9 spores/L浓度处理下效果最好。

8.1.4　木霉菌对玉米根际土壤微生物群落和理化特性及产量的影响

木霉菌有效缓解了盐碱胁迫下根际土壤过高的盐分含量和pH值，优化了根际土壤微生物群体结构，使土壤中有益微生物和有机质含量增多，从而改善了盐碱土壤的理化性质，提高了根际土壤的养分含量和土壤酶活性，增强玉米植株的抗性，促进了玉米植株生长发育，最终使2015年和2016年产量较对照处理分别提高了4.87%（T1）和10.95%（T2）、5.75%（T1）和12.41%（T2）。

8.1.5　木霉菌对玉米根际土壤细菌多样性的影响

细菌多样性测序结果在寒地盐碱土鉴定出玉米根际土壤细菌21个门类，151个属，主要细菌门类为 *Proteobacteria*、酸杆菌门、*Gemmatimonadetes*、拟杆菌门细菌、*Actinobacteria*。不同生育时期内，细菌种群的丰度均表现为高浓度木霉菌处理下受到一定抑制，而低浓度处理下则相反，细菌种群的多样性均表现为对照处理最大，不同浓度木霉菌处理对多样性有一定抑制作用，低浓度抑制更为明显。在细菌群落属水平分析结果表明木霉菌处理下优势菌属鞘氨醇单胞菌和硝化螺旋菌属丰度较对照分别提高71.91%和23.33（T1），33.71%和36.67%（T2），说明木霉菌处理下能够显著提高有益细菌丰度，改善根际土壤细菌群落结构，从而提高玉米植株抗逆性。

8.1.6　木霉菌对玉米根际土壤真菌多样性的影响

真菌多样性测序结果在寒地盐碱土鉴定出玉米根际土壤真菌10个门类，172个属类，主要真菌门类为子囊、担子、球囊菌门、UN-k-Fungi、接合菌门。不同生育时期内，真菌种群的丰度均表现为对照处理>低浓度处理>高浓度处理，而真菌种群的多样性均表现为高浓度>低浓度>对照处理。在真菌群落属水平分析结果表明木霉菌处理下优势菌属木霉菌属和角担菌属丰度较对照分别高出19.75倍和5.14倍（T1），37.38倍和6.00倍（T2）；对照处理下优势菌属丛赤壳属和镰孢菌属较木霉菌处理分别高出41.86倍和2.75倍（T1），149倍和1.14倍（T2），说明木霉菌能够显著抑制土壤病原真菌丰度，提高促生真菌的丰度，改善根际土壤真菌群落结构。

8.2　创新之处

通过盆栽方式揭示了木霉菌能够有效调节寒地盐碱土壤盐分离子平衡，同时改善土壤理化特性，在此基础上从玉米生长发育、抗氧化系统、渗透调节、离子平衡、光合荧光特性及氮代谢等角度较全面地阐述了木霉菌调控玉米耐盐碱机制，这在寒地盐碱土壤条件下尚未见报道。

本研究运用高通量测序技术检测出细菌21个门类，151个属，真菌10个门类，172个属，获得了大量未知的土壤微生物资源。在寒地盐碱土壤下明确硝化螺旋菌属、鞘氨醇单胞菌属、木霉属、角担菌属为木霉菌处理下的优势菌属，寡养单胞菌属为木霉菌处理独有菌属，镰刀菌属、新丛赤壳属是对照处理下的优势菌属，小脆柄菇属是对照处理下独有菌属，同时对照处理土壤条件下几乎没有木霉属存在，证明寒地盐碱土壤木霉属资源贫瘠，首次在寒地盐碱土壤条件下，明确了不同浓度木霉菌对根际土壤微生物群落结构的影响。

参考文献

［1］　Yadav S，Irfan M，Ahmad A，*et al.* Causes of salinity and plant manifesta-
　　　tions to salt stress：a review ［J］. Journal of Environmental Biology，
　　　2011，32（5）：667-685.

［2］　Zhu Y，Gong H. Beneficial effects of silicon on salt and drought tolerance in
　　　plants ［J］. Agronomy for Sustainable Development，2014，34（2）：
　　　455-472.

［3］　景宇鹏. 土默川平原盐渍化土壤改良前后土壤特性及玉米品种耐盐性
　　　研究 ［D］. 呼和浩特：内蒙古农业大学，2014.

［4］　王存纲，王跃强. 盐胁迫对苜蓿种子萌发特性的影响 ［J］. 江苏农业科
　　　学，2011，39（4）：277-278.

［5］　秦超. 黑龙江西部土地盐碱化动态遥感监测与预测研究 ［D］. 哈尔滨：
　　　黑龙江大学，2012.

［6］　王明华. 改良剂对苏打盐碱土及玉米生理特性的影响 ［D］. 哈尔滨：
　　　东北农业大学，2016.

［7］　李秀军. 松嫩平原西部土地盐碱化与农业可持续发展 ［J］. 地理科学，
　　　2000，20（1）：51-55.

［8］　Qadir M，Ghafoor A，Murtaza G. Amelioration Strategies for Saline Soils
　　　［J］. Land Degradation and Development，2000，11：501-521.

［9］　Qadir M，Schubert S. Degradation processes and nutrient constraints in
　　　sodic soils ［J］. Land Degradation & Development，2002，13（4）：

275-294.

[10] Bruggen A H C V, Semenov A M. In search of biological indicators for soil health and disease suppression [J]. Applied Soil Ecology, 2000, 15 (1): 13-24.

[11] Urbanek E, Bodi M, Doerr S H, et al. Inulence of initial water content on the wettability of autoclaved soils [J]. Soil Science Society of America, 2010, 74: 2 086-2 088.

[12] 王丽燕, 赵可夫. 玉米幼苗对盐胁迫的生理响应 [J]. 作物学报, 2005, 31 (2): 264-268.

[13] Mass E V, Hoffman G J. Crop salt tolerance: Current assessment [J]. Journal of the Irrigation & Drainage Division, 1977, 103 (2): 115-134.

[14] 邓绍云, 邱清华. 中国盐碱土壤修复研究综述 [J]. 北方园艺, 2011 (22): 171-174.

[15] 李琳, 于崧, 蒋永超, 等. 芸豆苗期耐盐碱性鉴定及品种筛选研究 [J]. 植物生理学报, 2016 (1): 62-72.

[16] 郭剑. Na_2CO_3胁迫下甜菜幼苗的响应及其根际环境的变化 [D]. 哈尔滨: 东北农业大学, 2016.

[17] 沙霍夫 A A, 韩国尧. 植物的抗盐性 [M]. 北京: 科学出版社, 1958.

[18] Peck A J. Development and reclamation of secondary salinity [R]. University of Queensland Press, 1975, 301-307.

[19] Ashraf M, Mcneilly T, Bradshaw A D. Selection and heritability of tolerance to sodium chloride in four forage species [J]. Crop Science, 1987, 27 (2): 232-234.

[20] Tanji K K. Agricultural salinity assessment and management [J] American Society of Civil Engineers, 1990, l97-226.

[21] Feigin A. Fertilization management of crops irrigated with saline water

[J]. Plant & Soil, 1985, 89 (1-3): 285-299.

[22] Kostandi S F, Soliman M F. The role of calcium in mediating smut disease severity and salt tolerance in Corn under chloride and sulphate salinity [J]. Journal of Phytopathology, 2010, 146 (4): 191-195.

[23] Senaratna T, Mckersie B D, Stinson R H. Simulation of dehydration injury to membranes from soybean axes by free radicals [J]. Plant Physiology, 1985, 77 (2): 472-474.

[24] Tuna A L, Kaya C, Ashraf M, et al. The effects of calcium sulphate on growth, membrane stability and nutrient uptake of tomato plants grown under salt stress [J]. Environmental & Experimental Botany, 2007, 59 (2): 173-178.

[25] 李长有. 盐碱地四种主要致害盐分对虎尾草胁迫作用的混合效应与机制 [D]. 哈尔滨：东北师范大学, 2009.

[26] 张金林, 李惠茹, 郭姝媛, 等. 高等植物适应盐逆境研究进展 [J]. 草业学报, 2015, 24 (12): 220-236.

[27] 寇江涛. 2, 4-表油菜素内酯诱导下紫花苜蓿耐盐性生理响应研究 [D]. 兰州：甘肃农业大学, 2016.

[28] Rajjou L, Duval M, Gallardo K, et al. Seed germination and vigor [J]. Annual Review of Plant Biology, 2012, 63 (3): 507.

[29] Rehman S, Khatoon A, Iqbal Z, et al. Prediction of salinity tolerance based on biological and chemical properties of Acacia, seeds [M]. Salinity and Water Stress. Springer Netherlands, 2009: 19-23.

[30] Almansouri M, Kinet J M, Lutts S. Effect of salt and osmotic stresses on germination in durum wheat (Triticum durum Desf.) [J]. Plant & Soil, 2001, 231 (2): 243-254.

[31] Piruzyan S S. Effect of soil sanity on the growth and development of corn [J]. Soil Science, 1959 (2): 221.

[32] Kaddah M T, Ghowail S I. Salinity Effects on the Growth of Corn at Differ-

ent Stages of Development [J]. Agronomy Journal, 1964, 56 (2): 214-217.

[33] 朱永兴. 硅对黄瓜幼苗盐胁迫损伤的缓解效应及机理研究 [D]. 杨凌：西北农林科技大学，2016.

[34] Zhang Y, Hu X H, Shi Y, et al. Beneficial role of exogenous spermidine on nitrogen metabolism in tomato seedlings exposed to saline - alkaline stress [J]. Journal of the American Society for Horticulturalence, 2013, 138 (1): 38-49.

[35] Alshammary S F, Qian Y L, Wallner S J. Growth response of four turfgrass species to salinity [J]. Agricultural Water Management, 2004, 66 (2): 97-111.

[36] Munns R. Comparative Physiology of Salt and Water Stress [J]. Plant Cell & Environment, 2002, 25 (2): 239-250.

[37] Chaudhuri K, Choudhuri M A. Effects of short-term NaCl stress on water relations and gas exchange of two jute species [J]. Biologia Plantarum, 1997, 40 (3): 373-380.

[38] Overtli T J. Extracellular salt accumulation, a possible mechanism of salt injury in plants [J]. Agrochimica, 1968, 12: 461-469.

[39] Yamaguchi T, Blumwald E. Developing salt-tolerant crop plants: challenges and opportunities [J]. Trends in Plant Science, 2005, 10 (12): 615-620.

[40] 麻莹. 碱地肤抗盐碱胁迫的生理机制研究 [D]. 哈尔滨：东北师范大学，2011.

[41] Gao C, Wang Y, Liu G, et al. Expression profiling of salinity - alkali stress responses by large-scale expressed sequence tag analysis in Tamarix hispid [J]. Plant Molecular Biology, 2008, 66 (3): 245.

[42] Hsiao T C. Plant responses to water stress [J]. Annual Review of Plant Physiology, 1973, 24: 519-570.

［43］ 姜伟. 温室土壤次生盐渍化及其主要盐分对辣椒幼苗胁迫的研究 ［D］. 呼和浩特：内蒙古农业大学，2010.

［44］ Romero-Aranda R, Soria T, Cuartero J. Tomato plant-water uptake and plant-water relationships under saline growth conditions ［J］. Plant Science, 2001, 160 (2)：265-272.

［45］ Yin L, Wang S, Liu P, *et al.* Silicon-mediated changes in polyamine and 1-aminocyclopropane-1-carboxylic acid are involved in silicon-induced drought resistance in Sorghum bicolor L ［J］. Plant Physiology Biochemistry, 2014, 80：268-277.

［46］ Akcin A, Yalcin E. Effect of salinity stress on chlorophyll, carotenoid content, and proline in Salicornia prostrata, Pall. and Suaeda prostrata, Pall. subsp. prostrata, （Amaranthaceae） ［J］. Brazilian Journal of Botany, 2016, 39 (1)：101-106.

［47］ Liu J, Shi D C. Photosynthesis, chlorophyll fluorescence, inorganic ion and organic acid accumulations of sunflower in responses to salt and salt-alkaline mixed stress ［J］. Photosynthetica, 2010, 48 (1)：127-134.

［48］ Liu J, Guo W Q, Shi D C. Seed germination, seedling survival, and physiological response of sunflowers under saline and alkaline conditions ［J］. Photosynthetica, 2010, 48 (2)：278-286.

［49］ Stepien P, Kobus G. Water relations and photosynthesis in *Cucumis sativus* L. leaves under salt stress ［J］. Biologia Plantarum, 2006, 50 (4)：610-616.

［50］ Yang X, Lu C. Photosynthesis is improved by exogenous glycinebetaine in salt-stressed maize plants ［J］. Physiologia Plantarum, 2005, 124 (3)：343-352.

［51］ Hu L, Xiang L, Zhang L, *et al.* The photoprotective role of spermidine in tomato seedlings under salinity-alkalinity stress ［J］. Plos One, 2014, 9 (10)：e110855.

[52] Brugnoli E, Lauteri M. Effects of salinity on stomatal conductance, photosynthetic capacity, and carbon isotope discrimination of salt – tolerant (*Gossypium hirsutum* L.) and salt–sensitive (Phaseolus vulgaris L.) C Non–Halophytes [J]. Plant Physiology, 1991, 95 (2): 628–635.

[53] Maxwell K, Johnson G N. Chlorophyll fluorescence–a practical guide [J]. Journal of Experimental Botany, 2000, 51 (345): 659–668.

[54] Gorbe E, Calatayud A. Applications of chlorophyll fluorescence imaging technique in horticultural research: A review [J]. Scientia Horticulturae, 2012, 138 (2): 24–35.

[55] Jungklang J, Usui K, Matsumoto H. Differences in physiological responses to NaCl between salt–tolerant Sesbania rostrata Brem. Oberm. and non–tolerant *Phaseolus vulgaris* L. [J]. Weed Biology & Management, 2003, 3 (1): 21–27.

[56] Stepien P, Klobus G. Antioxidant defense in the leaves of C_3 and C_4 plants under salinity stress [J]. Physiologia Plantarum, 2005, 125 (1): 31–40.

[57] Hazem, Kalaji, Govindjee, *et al*. Effects of salt stress on photosystem II efficiency and CO_2 assimilation in two syrian barley landraces [J]. Environmental Experimental Botany, 2011, 73 (1): 64–72.

[58] Cheeseman J M. Mechanisms of salinity tolerance in plants [J]. Plant Physiology, 1988, 87 (3): 547–550.

[59] Ahmad P, Jaleel C A, Salem M A, *et al*. Roles of enzymatic and non–enzymatic antioxidants in plants during abiotic stress [J]. Critical Reviews in Biotechnology, 2010, 30 (3): 161–175.

[60] Gong H J, Randall D P, Flowers T J. Silicon deposition in the root reduces sodium uptake in rice (*Oryza sativa* L.) seedlings by reducing bypass flow [J]. Plant, Cell & Environment, 2006, 29 (10): 1 970–1 979.

[61] Xu L H, Wang W Y, Guo J J, et al. Zinc improves salt tolerance by increasing reactive oxygen species scavenging and reducing Na$^+$, accumulation in wheat seedlings [J]. Biologia Plantarum, 2014, 58 (4): 751-757.

[62] 张毅. 亚精胺对番茄幼苗盐碱胁迫的缓解效应及其调控机理 [D]. 杨凌: 西北农林科技大学, 2013.

[63] Abd-El-Baki G K, Siefritz F, Man H M, et al. Nitrate reductase in *Zea mays* L. under salinity [J]. Plant Cell & Environment, 2000, 23 (5): 515-521.

[64] Wahid A, Rao A, Rasul E. Identification of salt tolerance traits in sugarcane lines [J]. Field Crops Research, 1997, 54 (1): 9-17.

[65] Murty P S S. Spikelet sterility in relation to nitrogen and carbohydrate contents in rice [J]. Indian Journal of Plant Physiology, 1982, 25 (1): 40-48.

[66] Gain P, Mannan M A, Pal P S, et al. Effect of salinity on some yield attributes of rice [J]. Pakistan Journal of Biological Sciences, 2004, 7 (5): 760-762.

[67] Flowers T J, Hajibagheri M A, Clipson N J W. Halophytes [J]. Quarterly Review of Biology, 1986, 61 (3): 31-37.

[68] Shabala S, Bose J, Hedrich R. Salt bladders: do they matter? [J]. Trends in Plant Science, 2014, 19 (11): 687-691.

[69] Ming D F, Pei Z F, Naeem M S, et al. Silicon Alleviates PEG-Induced Water-Deficit Stress in Upland Rice Seedlings by Enhancing Osmotic Adjustment [J]. Journal of Agronomy & Crop Science, 2012, 198 (1): 14-26.

[70] Kemble A R, Macpherson H T. Determination of monoam inomonocarboxylic acids by quantitative paper chrom atography [J]. Biochemistry Journal, 1954, 56 (4): 548-555.

[71] Mattioli R，Costantino P，Trovato M. Proline accumulation in plants：not only stress ［J］. Plant Signaling Behavior，2009，4（11）：1 016-1 018.

[72] 郭伟. 盐碱胁迫对小麦生长的影响及腐植酸调控效应［D］. 沈阳：沈阳农业大学，2011.

[73] Wu H，Liu X，You L，*et al*. Effects of salinity on metabolic profiles，gene expressions，and antioxidant enzymes in halophyte suaeda salsa ［J］. Journal of Plant Growth Regulation，2012，31（3）：332-341.

[74] Zhang J L，Flowers T J，Wang S M. Mechanisms of sodium uptake by roots of higher plants ［J］. Plant & Soil，2010，326（1-2）：45-60.

[75] Wang C M，Zhang J L，Liu X S，*et al*. Puccinellia tenuiflora maintains a low Na^+ level under salinity by limiting unidirectional Na^+ influx resulting in a high selectivity for K^+ over Na^+ ［J］. Plant Cell Environment，2009，32（5）：486-496.

[76] Mittler R. ROS and redox signalling in the response of plants to abiotic stress ［J］. Plant Cell Environment，2012，35（2）：259-270.

[77] Bose J，Rodrigomoreno A，Shabala S. ROS homeostasis in halophytes in the context of salinity stress tolerance ［J］. Journal of Experimental Botany，2014，65（5）：1 241-1 257.

[78] Rout M E，Southworth D. The root microbiome influences scales from molecules to ecosystems：The unseen majority. ［J］. American Journal of Botany，2013，100（9）：1 689-1 691.

[79] 李娟，赵秉强，李秀英，等. 长期不同施肥条件下土壤微生物量及土壤酶活性的季节变化特征 ［J］. 植物营养与肥料学报，2009，15（5）：1 093-1 099.

[80] 刘方，王世杰，刘元生，等. 喀斯特石漠化过程土壤质量变化及生态环境影响评价 ［J］. 生态学报，2005，25（3）：639-644.

[81] 张瑜斌，林鹏，魏小勇，等. 盐度对稀释平板法研究红树林区土壤微

生物数量的影响 [J]. 生态学报，2008，28 （3）：1 287-1 295.

[82] 杨建文. 甘肃河西地区不同盐碱土壤微生物数量、酶活及理化因子的研究 [D]. 兰州：西北师范大学，2012.

[83] Tripathi S, Chakraborty A, Chakrabarti K, et al. Enzyme aetivities and mierobial biomass in coastal soils of India [J]. Soil Biology and Biochemistry, 2007, 39: 2 840-2 848.

[84] Ahmad I, Khan K M. Studies on enzymes activity in normal and saline soils [J]. Pakistan Journal of Agricultural Research, 1988, 24 （3）: 157-161.

[85] Zak D R, Holmes W E, White D C, et al. Plant diversity, soil microbial communities and ecosystem function: are there any links? [J]. Ecology, 2003, 84: 2 042-2 050.

[86] Long E F D. Diversity of naturally occurring prokaryotes [M]. Microbial Diversity in Time and Space. Springer US, 1996: 125-133.

[87] Ziegenhain G, Urbassek H M, Hartmaier A. Growth stimulation in bean (*Phaseolus vulgaris*, L.) by *Trichoderma* [J]. Biological Control, 2009, 51 （3）: 409-416.

[88] Gravel V, Antoun H, Tweddell R J. Growth stimulation and fruit yield improvement of greenhouse tomato plants by inoculation with Pseudomonas putida, or *Trichoderma atroviride*: Possible role of indole acetic acid （IAA） [J]. Soil Biology Biochemistry, 2007, 39 （8）: 1 968-1 977.

[89] Lugtenberg B, Kamilova F. Plant-growth-promoting rhizobacteria [J]. Annual Review of Microbiology, 2009 （1）: 541-556.

[90] Altomare C, Norvell W A, Bjorkman T, et al. Solubilization of phosphates and micronutrients by the plant-growth-promoting and biocontrol fungus *Trichoderma harzianum* rifai 1295-22 [J]. Applied Environmental Microbiology, 1999, 65 （7）: 2 926-2 933.

[91] Renshaw J C, Robson G D, Wiebe M G, et al. Fungal siderophores:

structures, functions and applications (Review) [J]. Mycological Research, 2002, 106 (10): 1 123-1 142.

[92] Weinding R. *Trichodema lignorum* as a parasite of other soil fungi [J]. Phytopathology, 1932, 22: 837-845.

[93] 朱双杰, 高智谋. 木霉对植物的促生作用及其机制 [J]. 菌物研究, 2006, 4 (3): 107-111.

[94] 胡琼, 邵菲菲. 木霉对植物促生作用的研究进展 [J]. 安徽农业科学, 2010, 38 (10): 197-200.

[95] Bae H, Sicher R C, Kim M S, *et al.* The beneficial endophyte *Trichoderma hamatum* isolate DIS 219b promotes growth and delays the onset of the drought response in Theobroma cacao [J]. Journal of Experimental Botany, 2009, 60 (11): 3 279-3 295.

[96] Mastouri F, Björkman T, Harman G E. Seed treatment with *Trichoderma harzianum* alleviates biotic, abiotic, and physiological stresses in germinating seeds and seedlings [J]. Phytopathology, 2010, 100 (11): 1 213-1 221.

[97] Contreras-Cornejo H A, Macías-Rodríguez L, Cortés-Penagos C, *et al.* *Trichoderma virens*, a plant beneficial fungus, enhances biomass production and promotes lateral root growth through an auxin-dependent mechanism in arabidopsis [J]. Plant Physiology, 2009, 149 (3): 1 579-1 592.

[98] Vinale F, Sivasithamparam K, Ghisalberti E L, *et al.* A novel role for *Trichoderma*, secondary metabolites in the interactions with plants [J]. Physiological Molecular Plant Pathology, 2008, 72 (1-3): 80-86.

[99] Ezzi M I, Lynch J M. Cyanide catabolizing enzymes in *Trichoderma*, *spp* [J]. Enzyme Microbial Technology, 2002, 31 (7): 1 042-1 047.

[100] Adams P, Deleij F A, Lynch J M. *Trichoderma harzianum* Rifai 1295-22 mediates growth promotion of crack willow (Salix fragilis) saplings in

both clean and metal-contaminated soil [J]. Microbial Ecology, 2007, 54 (2): 306-313.

[101] 焦琮, 路炳声. 康氏木霉制剂对棉花和菜豆幼苗几个生理生化指标的影响 [J]. 中国生物防治学报, 1995, 11 (1): 30-32.

[102] 魏林, 梁志怀, 曾粮斌, 等. 木霉 T2-16 发酵产物对杂交水稻种子活力和秧苗素质的影响 [J]. 杂交水稻, 2005, 20 (5): 61-65.

[103] 陆宁海, 徐瑞富, 房振宏, 等. 哈茨木霉对小麦和玉米幼苗生长的影响 [J]. 江苏农业学报, 2005, 21 (3): 238-240.

[104] Shoresh M, Harman G E. The relationship between increased growth and resistance induced in plants by root colonizing microbes [J]. Plant Signaling Behavior, 2008, 3 (9): 737-739.

[105] 王慧. 木霉诱导下山新杨组培移栽苗生长特性研究及土壤养分分析 [D]. 哈尔滨: 东北林业大学, 2014.

[106] Yadav R L, Shukla S K, Suman A, et al. Trichoderma, inoculation and trash management effects on soil microbial biomass, soil respiration, nutrient uptake and yield of ratoon sugarcane under subtropical conditions [J]. Biology Fertility of Soils, 2009, 45 (5): 461-468.

[107] Tripathi P, Singh P C, Mishra A, et al. Trichoderma: a potential bioremediator for environmental clean up [J]. Clean Technologies Environmental Policy, 2013, 15 (4): 541-550.

[108] Babu A G, Shim J, Bang K S, et al. Trichoderma virens, PDR-28: A heavy metal-tolerant and plant growth-promoting fungus for remediation and bioenergy crop production on mine tailing soil [J]. Journal of Environmental Management, 2013, 132: 129-134.

[109] Saravanakumar K, Arasu V S, Kathiresan K. Effect of Trichoderma, on soil phosphate solubilization and growth improvement of Avicennia marina [J]. Aquatic Botany, 2013, 104 (1): 101-105.

[110] 陈建爱, 杜方岭. 黄绿木霉 T1010 对樱桃番茄横向土壤环境性状改

良效果研究［J］. 农学学报，2011，1（8）：36-41.

［111］ Rao P, Mishra B, Gupta S R, *et al*. Reproductive stage tolerance to salinity and alkalinity stresses in rice genotypes［J］. Plant Breeding, 2008, 127（3）：256-261.

［112］ Zhu Y, Gong H. Beneficial effects of silicon on salt and drought tolerance in plants［J］. Agronomy for Sustainable Development, 2014, 34（2）：455-472.

［113］ Guler N S, Pehlivan N, Karaoglu S A, *et al*. *Trichoderma atroviride*, ID20G inoculation ameliorates drought stress-induced damages by improving antioxidant defence in maize seedlings［J］. Acta Physiologiae Plantarum, 2016, 38（6）：1-9.

［114］ Zhang S, Gan Y, Xu B. Application of Plant-Growth-Promoting Fungi *Trichoderma longibrachiatum* T6 Enhances Tolerance of Wheat to Salt Stress through Improvement of Antioxidative Defense System and Gene Expression［J］. Frontiers in Plant Science, 2016, 7（868）：1 405.

［115］ Pandey V, Ansari M W, Tula S, *et al*. Dose-dependent response of *Trichoderma harzianum* in improving drought tolerance in rice genotypes［J］. Planta, 2016, 243（5）：1 251-1 264.

［116］ Kumar K, Manigundan K, Amaresan N. Influence of salt tolerant *Trichoderma spp*. on growth of maize（*Zea mays*）under different salinity conditions［J］. Journal of Basic Microbiology, 2016, 57（2）：141.

［117］ Singh H B, Singh B N, Singh S P, *et al*. Solid-state cultivation of *Trichoderma harzianum*, NBRI-1055 for modulating natural antioxidants in soybean seed matrix［J］. Bioresource Technology, 2010, 101（16）：6 444-6 453.

［118］ Baez-Rogelio A, Morales-Garc Y E, Quintero-Hernandez V, *et al*. Next generation of microbial inoculants for agriculture and bioremediation［J］. Microbial Biotechnology, 2017, 10, 19-21.

[119] Tripathi P, Singh P C, Mishra A, et al. *Trichoderma*: a potential bioremediator for environmental clean up [J]. Clean Technologies Environmental Policy, 2013, 15 (4): 541-550.

[120] Zhang X, Ma L, Gilliam F S, et al. Effects of raised-bed planting for enhanced summer maize yield on rhizosphere soil microbial functional groups and enzyme activity in Henan Province, China [J]. Field Crops Research, 2012, 130 (2): 28-37.

[121] 鲍士旦. 土壤农化分析 [M]. 北京：中国农业出版社，2000，183-195.

[122] 关松荫. 土壤酶及其研究法 [M]. 北京：农业出版社，1986.

[123] Akintokun A K, Akande G A, Akintokun P O, et al. Solubilization of Insoluble Phosphate by Organic Acid-Producing Fungi Isolated from Nigerian Soil [J]. International Journal of Soil Science, 1989, 2 (4): 301-307.

[124] Vinalea F, Sivasithamparam K, Ghisalberti E L. *Trichoderma* plant pathogen interactions [J]. Soil Biology & Biochemistry, 2008, 40 (1): 1-10.

[125] 吴晓卫. 微生物菌肥改良渭北地区盐碱化土壤作用及效果研究 [D]. 西安：西北大学，2015.

[126] GarcíA-Gil J C, Plaza C, Soler-Rovira P, et al. Long-term effects of municipal solid waste compost application on soil enzyme activities and microbial biomass [J]. Soil Biology Biochemistry, 2000, 32 (13): 1 907-1 913.

[127] 邱莉萍，刘军，王益权，等. 土壤酶活性与土壤肥力的关系研究 [J]. 植物营养与肥料学报，2004，10 (3): 277-280.

[128] Taylor J P, Wilson B, Mills M S, et al. Comparison of microbial numbers and enzymatic activities in surface soils and subsoils using various techniques [J]. Soil Biology Biochemistry, 2002, 34 (3):

387-401.

[129] Hiradate S, Morita S, Furubayashi A, *et al.* Plant Growth Inhibition By Cis-Cinnamoyl Glucosides and Cis-Cinnamic Acid [J]. Journal of Chemical Ecology, 2005, 31 (3): 591-601.

[130] 李世贵, 吕天晓, 顾金刚, 等. 施用木霉菌诱导黄瓜抗病性及对土壤酶活性的影响 [J]. 中国土壤与肥料, 2010, 2: 75-78.

[131] Singh P K, Singh R, Singh S. Cinnamic acid induced changes in reactive oxygen species scavenging enzymes and protein profile in maize (*Zea mays* L.) plants grown under salt stress [J]. Physiology Molecular Biology of Plants, 2013, 19 (1): 53-59.

[132] Petrov V D, Van B F. Hydrogen peroxide-a central hub for information flow in plant cells [J]. AoB PLANTS, 2012 (1): pls014.

[133] Sohrabi Y, Heidari G, Weisany W, *et al.* Changes of antioxidative enzymes, lipid peroxidation and chlorophyll content in chickpea types colonized by different Glomus, species under drought stress [J]. Symbiosis, 2012, 56 (1): 5-18.

[134] Yin L, Wang S, Li J, *et al.* Application of silicon improves salt tolerance through ameliorating osmotic and ionic stresses in the seedling of Sorghum bicolor [J]. Acta Physiologiae Plantarum, 2013, 35 (11): 3 099-3 107.

[135] Jian F, Liu Z, Li Z, *et al.* Alleviation of the effects of saline-alkaline stress on maize seedlings by regulation of active oxygen metabolism by *Trichoderma asperellum* [J]. Plos One, 2017, 12 (6): e0179617.

[136] Brotman Y, Landau U, Álvaro Cuadros-Inostroza, *et al. Trichoderma*-Plant Root Colonization: Escaping Early Plant Defense Responses and Activation of the Antioxidant Machinery for Saline Stress Tolerance [J]. PLOS Pathogens, 2013, 9 (3): e1003221.

[137] Rawat L, Singh Y, Shukla N, *et al.* Alleviation of the adverse effects of

salinity stress in wheat (*Triticum aestivum*, L.) by seed biopriming with salinity tolerant isolates of *Trichoderma harzianum* [J]. Plant and Soil, 2011, 347 (1-2): 387-400.

[138] Li J, Bao S, Zhang Y, *et al*. Paxillus involutus strains MAJ and NAU mediate K⁺/Na⁺ homeostasis in ectomycorrhizal Populus x canescens under sodium chloride stress [J]. Plant Physiology, 2012, 159 (4): 1 771-1 786.

[139] Contreras-Cornejo H A, Macías-Rodríguez L, Alfaro-Cuevas R, *et al*. *Trichoderma* spp. improve growth of Arabidopsis seedlings under salt stress through enhanced root development, osmolite production, and Na⁺ elimination through root exudates [J]. Molecular Plant Microbe Interactions, 2014, 27: 503-514.

[140] Allen S E, Grimshaw H M, Rowland A P. Chemical Analysis. In: Moore PD, Chapman SB (eds) Methods in Plant Ecology, 2ndedn [M]. Blackwell Scientific Publications, Oxford. 1986: 285-344.

[141] B A Zarcinas, B Cartwright, L R Spouncer. Nitric acid digestion and multi-element analysis of plant material by inductively coupled plasma spectrometry [J]. Communications in Soil Science Plant Analysis, 1987, 18 (1): 131-146.

[142] Xia Z, Lei W, Hui M, *et al*. Maize ABP9 enhances tolerance to multiple stresses in transgenic Arabidopsis, by modulating ABA signaling and cellular levels of reactive oxygen species [J]. Plant Molecular Biology, 2011, 75 (4-5): 365-378.

[143] Velikova V, Yordanov I, Edreva A. Oxidative stress and some antioxidant systems in acid rain-treated bean plants : Protective role of exogenous polyamines [J]. Plant Science, 2000, 151 (1): 59-66.

[144] Hodges D M, Delong J M, Forney C F, *et al*. Improving the thiobarbituric acid-reactive-substances assay for estimating lipid peroxidation in

plant tissues containing anthocyanin and other interfering compounds [J].
Planta, 1999, 207 (4): 604-611.

[145] Puyang X, An M, Han L, *et al.* Protective effect of spermidine on salt
stress induced oxidative damage in two Kentucky bluegrass (*Poa pratensis*
L.) cultivars [J]. Ecotoxicology Environmental Safety, 2015, 117:
96-106.

[146] Bates L S, Waldren R P, Teare I D. Rapid determination of free proline
for water-stress studies [J]. Plant & Soil, 1973, 39 (1): 205-207.

[147] Bradford M M. A rapid and sensitive method for the quantitation of micro-
gram quantities of protein using the principle of protein dye binding [J].
Analytical Biochemistry, 1976, 72 (s1-2): 248-254.

[148] Giannopolitis C N, Ries S K. Superoxide dismutases: I. Occurrence in
higher plants [J]. Plant Physiology, 1977, 59 (2): 309-314.

[149] Hernández J A, Jiménez A, Mullineaux P, *et al.* Tolerance of pea (*Pi-
sum sativum* L.) to long-term salt stress is associated with induction of
antioxidant defences [J]. Plant Cell Environment, 2000, 23 (8):
853-862.

[150] Egley G H, Jr P R, Vaughn K C, *et al.* Role of peroxidase in the devel-
opment of water-impermeable seed coats in Sida spinosa L [J]. Planta,
1983, 157 (3): 224-232.

[151] Aebi H. Catalase in vitro [J]. Methods in Enzymology, 1984, 105
(c): 121-126.

[152] Nakano Y, Asada K. Hydrogen Peroxide is Scavenged by Ascorbate-spe-
cific Peroxidase in Spinach Chloroplasts [J]. Plant & Cell Physiology,
1981, 22 (5): 867-880.

[153] Schaedle M, Bassham J A. Chloroplast Glutathione Reductase [J].
Plant Physiology, 1977, 59 (5): 1 011-1 012.

[154] Fryer M J, Andrews J R, Oxborough K, *et al.* Relationship between

CO$_2$ assimilation, photosynthetic electron transport, and active O$_2$ metabolism in leaves of maize in the field during periods of low temperature [J]. Plant Physiology. 1998, 116: 571-580.

[155] Nagalakshmi N, Prasad M N. Responses of glutathione cycle enzymes and glutathione metabolism to copper stress in Scenedesmus bijugatus [J]. Plant Science, 2001, 160 (2): 291-299.

[156] Chinnusamy V, Jagendorf A, Zhu J K. Understanding and Improving Salt Tolerance in Plants [J]. Crop Science, 2005, 45 (2): 437-448.

[157] Wang X, Geng S, Ri Y J, et al. Physiological responses and adaptive strategies of tomato plants to salt and alkali stresses [J]. Scientia Horticulturae, 2011, 130 (1): 248-255.

[158] Zhang F, Yuan J, Yang X, et al. Putative *Trichoderma harzianum*, mutant promotes cucumber growth by enhanced production of indole acetic acid and plant colonization [J]. Plant and Soil, 2013, 368 (1-2): 433-444.

[159] Wang W B, Kim Y H, Lee H S, et al. Analysis of antioxidant enzyme activity during germination of alfalfa under salt and drought stresses [J]. Plant Physiology Biochemistry, 2009, 47 (7): 570-577.

[160] Kim S Y, Lim J H, Park M R, et al. Enhanced antioxidant enzymes are associated with reduced hydrogen peroxide in barley roots under saline stress [J]. Journal of biochemistry and molecular biology, 2005, 38 (2): 218-224.

[161] Kim Y, Arihara J, Nakayama T, et al. Antioxidative responses and their relation to salt tolerance in Echinochloa oryzicola, Vasing and Setaria virdis, (L.) Beauv [J]. Plant Growth Regulation, 2004, 44 (1): 87-92.

[162] Abogadallah G M. Antioxidative defense under salt stress [J]. Plant Signaling Behavior, 2010, 5 (4): 369-374.

[163] Willekens H, Chamnongpol S, Davey M, *et al.* Catalase is a sink for H$_2$O$_2$ and is indispensable for stress defence in C$_3$ plants [J]. Embo Journal, 1997, 16 (16): 4 806-4 816.

[164] Hashem A, Abdallah E F, Alqarawi A A, *et al.* Alleviation of abiotic salt stress in Ochradenus baccatus (Del.) by *Trichoderma hamatum* (Bonord.) Bainier [J]. Journal of Plant Interactions, 2014, 9 (1): 857-868.

[165] Ahmad P, Hashem A, Abdallah E F, *et al.* Role of *Trichoderma harzianum* in mitigating NaCl stress in Indian mustard (*Brassica juncea* L.) through antioxidative defense system [J]. Frontiers in Plant Science, 2015, 6: 868.

[166] Lian L, Wang X, Zhu Y, *et al.* Physiological and photosynthetic characteristics of indica Hang2 expressing the sugarcane PEPC gene [J]. Molecular Biology Reports, 2014, 41 (4): 2 189-2 197.

[167] Shahid M A, Pervez M A, Balal R M, *et al.* Salt stress effects on some morphological and physiological characteristics of okra (*Abelmoschus esculentus* L.) [J]. Soil Environment, 2011, 30 (1): 66-73.

[168] Stepien P, Johnson G N. Contrasting responses of photosynthesis to salt stress in the glycophyte Arabidopsis and the halophyte thellungiella: role of the plastid terminal oxidase as an alternative electron sink [J]. Plant Physiology, 2009, 149 (2): 1 154-1 165.

[169] Nishiyama Y, Murata N. Revised scheme for the mechanism of photoinhibition and its application to enhance the abiotic stress tolerance of the photosynthetic machinery [J]. Applied Microbiology & Biotechnology, 2014, 98 (21): 8 777-8 796.

[170] Zahra J, Nazim H, Cai S, *et al.* The influence of salinity on cell ultrastructures and photosynthetic apparatus of barley genotypes differing in salt stress tolerance [J]. Acta Physiologiae Plantarum, 2014, 36 (5):

1 261-1 269.

[171] Nishiyama Y, Allakhverdiev S I, Murata N. Protein synthesis is the primary target of reactive oxygen species in the photoinhibition of photosystem II [J]. Physiol Plant, 2011, 142 (1): 35-46.

[172] Juan M, Rivero R M, Romero L, *et al.* Evaluation of some nutritional and biochemical indicators in selecting salt - resistant tomato cultivars [J]. Environmental Experimental Botany, 2005, 54 (3): 193-201.

[173] Tezara W, Mitchell V J, Driscoll S D, *et al.* Water stress inhibits plant photosynthesis by decreasing coupling factor and ATP [J]. Nature, 1999, 401 (6 756): 914-917.

[174] Yang C W, Xu H H, Wang L L, *et al.* Comparative effects of salt-stress and alkali-stress on the growth, photosynthesis, solute accumulation, and ion balance of barley plants [J]. Photosynthetica, 2009, 47 (1): 79-86.

[175] Mastouri F, Björkman T, Harman G E. Seed treatment with *Trichoderma harzianum* alleviates biotic, abiotic, and physiological stresses in germinating seeds and seedlings [J]. Phytopathology, 2010, 100 (11): 1 213.

[176] Yedidia I, Srivastva A K, Kapulnik Y, *et al.* Effect of *Trichoderma harzianum* on microelement concentrations and increased growth of cucumber plants [J]. Plant and Soil, 2001, 235 (2): 235-242.

[177] Shoresh M, Harman G E, Mastouri F. Induced systemic resistance and plant responses to fungal biocontrol agents [J]. Annual Review of Phytopathology, 2010, 48 (1): 21-43.

[178] Dickmann D I. Chlorophyll, Ribulose-1, 5-diphosphate Carboxylase, and Hill Reaction Activity in Developing Leaves of Populus deltoides [J]. Plant Physiology, 1971, 48 (2): 143-145.

[179] Behera R K, Mishra P C, Choudhury N K. High irradiance and water stress induce alterations in pigment composition and chloroplast activities

of primary wheat leaves [J]. Journal of Plant Physiology, 2002, 159 (9): 967-973.

[180] Mccarty R E, Racker E. Partial resolution of the enzymes catalyzing photophosphorylation. 3. Activation of adenosine triphosphatase and 32P-labeled orthophosphate-adeno-sine triphosphate exchange in chloroplasts [J]. Journal of Biological Chemistry, 1968, 243 (1): 129.

[181] Shi X B, Wei J M, Shen Y K. Effects of sequential deletions of residues from the N-or Cterminus on the function of subunit of the chioroplast ATP synthase [J]. Bioehemistry, 2001, 40 (36): 10 825-10 831.

[182] Cataldo D A, Maroon M, Schrader L E, et al. Rapid colorimetric determination of nitrate in plant tissue by nitration of salicylic acid 1 [J]. Communications in Soil Science Plant Analysis, 1975, 6 (1): 71-80.

[183] Gangwar S, Singh V P. Indole acetic acid differently changes growth and nitrogen metabolism in *Pisum sativum* L. seedlings under chromium (VI) phytotoxicity: Implication of oxidative stress [J]. Scientia Horticulturae, 2011, 129 (2): 321-328.

[184] Liang C G, Chen L P, Wang Y, et al. High temperature at grain-filling stage affects nitrogen metabolism enzyme activities in grains and grain nutritional quality in rice [J]. 水稻科学（英文报）, 2011, 18 (3): 210-216.

[185] Rozema J, Flowers T. Crops for a Salinized World [J]. Science, 2008, 322 (5 907): 1 478-1 480.

[186] Peng Y Q, Xie T, Zhou F, et al. Response of plant growth and photosynthetic characteristics in Suaeda glauca and Atriplex triangularis seedlings to different concentrations of salt treatments [J]. Acta Prataculturae Sinica, 2012, 21 (6): 64-74.

[187] Yedidia I I, Benhamou N, Chet I I. Induction of defense responses in cucumber plants (*Cucumis sativus* L.) By the biocontrol agent *Trichoder-*

ma harzianum [J]. Applied Environmental Microbiology, 1999, 65 (3): 1 061-1 070.

[188] Stenbaek A, Jensen P E. Redox regulation of chlorophyll biosynthesis [J]. Phytochemistry, 2010, 71 (9): 853-859.

[189] Demmigadams B, Iii W W A. Xanthophyll cycle and light stress in nature: uniform response to excess direct sunlight among higher plant species [J]. Planta, 1996, 198 (3): 460-470.

[190] Mccarty R E. ATP synthase of chloroplast thylakoid membranes: a more in depth characterization of its ATPase activity [J]. Journal of Bioenergetics Biomembranes, 2005, 37 (5): 289-299.

[191] Chien H, Kao C H. Accumulation of ammonium in rice leaves in response to excess cadmium [J]. Plant Science, 2000, 156 (1): 111-115.

[192] Sánchez-Rodríguez E, Rubio-Wilhelmi M M, Ríos J J, *et al.* Ammonia production and assimilation: its importance as a tolerance mechanism during moderate water deficit in tomato plants [J]. Journal of Plant Physiology, 2011, 168 (8): 816-823.

[193] Burns R G, DeForest J L, Marxsen J, *et al.* Soil enzyme in changing environment: current knowledge and future directions [J]. Soil Biology and Biochemistry, 2013, 58, 216-234.

[194] Tripathi S, Chakraborty A, Chakrabarti K, *et al.* Enzyme activities and microbial biomass in coastal soils of india [J]. Soil Biology and Biochemistry, 2007, 39, 2 840-2 848.

[195] 林先贵. 土壤微生物研究原理与方法 [M]. 北京: 高等教育出版社, 2010: 52-62.

[196] Choudhary O P, Ghuman B S, Singh B, *et al.* Effects of long-term use of sodic water irrigation, amendments and crop residues on soil properties and crop yields in rice-wheat cropping system in a calcareous soil [J].

Field Crops Research，2011，121（3）：363-372.

[197] Adb F，Guzzo S D，Cmm L，*et al.* Growth promotion and induction of resistance in tomato plant against Xanthomonas euvesicatoria and Alternaria solani by *Trichoderma spp*［J］. Crop Protection，2011，30（11）：1 492-1 500.

[198] 李世贵. 两种木霉菌对黄瓜枯萎病菌生防作用及根际土壤微生物影响研究［D］. 北京：中国农业科学院，2010.

[199] 李科江，张素芳，宋平忠，等. 半干旱区长期施肥对作物产量和土壤肥力的影响［J］. 植物营养与肥料学报，1999，5（1）：21-25.

[200] 祝文婷. 黄绿木霉 T1010 对滨海盐渍土根际生态的调控效应研究［D］. 济南：山东师范大学，2013.

[201] Sundareshwar pV，Morris J T，Fornwalt B. Phosphorus limitation of coastal ecosystem processes［J］. Science，2003（299）：563-565.

[202] Zhao J，Zhang R，Xue C，*et al.* Pyrosequencing Reveals Contrasting Soil Bacterial Diversity and Community Structure of Two Main Winter Wheat Cropping Systems in China［J］. Microbial Ecology，2014，67（2）：443-453.

[203] Peiffer J A，Spor A，Koren O，*et al.* Diversity and heritability of the maize rhizosphere microbiome under field conditions［J］. Proceedings of the National Academy of Sciences of the United States of America，2013，110（16）：6 548-6 553.

[204] Harman G E，Howell C R，Viterbo A，*et al. Trichoderma* species-opportunistic，avirulent plant symbionts［J］. Nature Reviews Microbiology，2004，2：43-56.

[205] Roesch L F，Fulthorpe R R，Riva A，*et al.* Pyrosequencing enumerates and contrasts soil microbial diversity［J］. Isme Journal，2007，1（4）：283.

[206] Smit E，Leeflang P，Gommans S，*et al.* Diversity and seasonal fluctua-

tions of the dominant members of the bacterial soil community in a wheat field as determined by cultivation and molecular methods [J]. Applied & Environmental Microbiology, 2001, 67 (5): 2 284-2 291.

[207] Jones R T, Robeson M S, Lauber C L, *et al*. A comprehensive survey of soil acidobacterial diversity using pyrosequencing and clone library analyses [J]. Isme Journal, 2009, 3 (4): 442-453.

[208] Liu J, Sui Y, Yu Z, *et al*. High throughput sequencing analysis of biogeographical distribution of bacterial communities in the black soils of northeast China [J]. Soil Biology Biochemistry, 2014, 70 (2): 113-122.

[209] Christianl L, Michaels S, Marka B, *et al*. The influence of soil properties on the structure of bacterial and fungal communities across land-use types [J]. Soil Biology Biochemistry, 2008, 40 (9): 2 407-2 415.

[210] Sellstedt A, Richau K H. Aspects of nitrogen-fixing Actinobacteria, in particular free-living and symbiotic Frankia [J]. Fems Microbiology Letters, 2013, 342 (2): 179-186.

[211] Guo Y, Gong H, Guo X. Rhizosphere bacterial community of *Typha angustifolia* L. and water quality in a river wetland supplied with reclaimed water [J]. Applied Microbiology Biotechnology, 2015, 99 (6): 2 883-2 893.

[212] Häni H, Siegenthaler A, Candinas T. Soil effects due to sewage sludge application in agriculture [J]. Fertilizer Research, 1995, 43 (1-3): 149-156.

[213] Daims H, Lebedeva E V, Pjevac P, *et al*. Complete nitrification by Nitrospirabacteria [J]. Nature, 2015, 528 (7 583): 504.

[214] Canfora L, Bacci G, Pinzari F, *et al*. Salinity and Bacterial Diversity: To What Extent Does the Concentration of Salt Affect the Bacterial Com-

munity in a Saline Soil? [J]. Plos One, 2014, 9 (9): e106662.

[215] 李昌明. 青藏高原多年冻土区土壤微生物及其与环境关系的研究 [D]. 兰州: 兰州大学, 2012.

[216] 郑勇, 郑袁明, 张丽梅, 等. 极端环境下嗜热酸甲烷营养细菌研究进展 [J]. 生态学报, 2009, 29 (7): 3 864-3 871.

[217] Adhikari T B, Joseph C M, Yang G, et al. Evaluation of bacteria isolated from rice for plant growth promotion and biological control of seedling disease of rice [J]. Canadian Journal of Microbiology, 2001, 47 (10): 916-924.

[218] Sohail N H, Gupta R S. Phylogenomics and Molecular Signatures for Species from the Plant Pathogen-Containing Order Xanthomonadales [J]. Plos One, 2013, 8 (2): e55216.

[219] Mendes R, Raaijmakers J M. Deciphering the Rhizosphere Microbiome for Disease-Suppressive Bacteria [J]. Science, 2011, 332 (6 033): 1 097-1 100.

[220] 李红权, 李红梅, 蒋继志, 等. 一株 DDT 降解菌的筛选、鉴定及降解特性的初步研究 [J]. 微生物学通报, 2008, (5): 696-699.

[221] Pérez Pantoja D, Donoso R, Agulló L, et al. Genomic analysis of the potential for aromatic compounds biodegradation in Burkholderiales [J]. Environmental Microbiology, 2012, 14 (5): 1 091-1 117.

[222] Foesel B U, Rohde M, Overmann J. Blastocatella fastidiosa, gen. nov. sp. nov. isolated from semiarid savanna soil-The first described species of Acidobacteria, subdivision 4 [J]. Systematic Applied Microbiology, 2013, 36 (2): 82-89.

[223] Xie C H, Yokota A. Reclassification of (Flavobacterium) ferrugineum as Terrimonas ferruginea gen. nov. comb. nov. and description of Terrimonas lutea sp. nov. isolated from soil [J]. International Journal of Systematic & Evolutionary Microbiology, 2006, 56 (5): 1 117-1 121.

[224] Wainwright M. Metabolic diversity of fungi in relation to growth and mineral cycling in soil—A review [J]. Transactions of the British Mycological Society, 1988, 90 (2): 159-170.

[225] Christensen M. A View of Fungal Ecology [J]. Mycologia, 1989, 81 (1): 1-19.

[226] Kennedy A C, Smith K L. Soil microbial diversity and the sustainability of agricultural soils [J]. Plant and Soil, 1995, 170 (1): 75-86.

[227] Joergensen R G, Wichern F. Quantitative assessment of the fungal contribution to microbial tissue in soil [J]. Soil Biology Biochemistry, 2008, 40 (12): 2 977-2 991.

[228] Daynes C N, Zhang N, Saleeba J A, *et al.* Soil aggregates formed in-vitro, by saprotrophic *Trichocomaceae* have transient water—stability [J]. Soil Biology Biochemistry, 2012, 48 (48): 151-161.

[229] Xu L, Ravnskov S, Larsen J, *et al.* Soil fungal community structure along a soil health gradient in pea fields examined using deep amplicon sequencing [J]. Soil Biology Biochemistry, 2012, 46 (1): 26-32.

[230] Buée M, Reich M, Murat C, *et al.* 454 Pyrosequencing analyses of forest soils reveal an unexpectedly high fungal diversity [J]. New Phytologist, 2009, 184 (2): 449-456.

[231] Schoch C L, Sung G H, Lopez-Giraldez F, *et al.* The Ascomycota tree of life: a phylum—wide phylogeny clarifies the origin and evolution of fundamental reproductive and ecological traits [J]. Systematic Biology, 2009, 58 (2): 224-239.

[232] 庄文颖. 我国丛赤壳类真菌分类研究 [J]. 生命科学, 2010, 22 (11): 1 083-1 085.

[233] Morán-Diez E, Hermosa R, Ambrosino P, *et al.* The ThPG1endopolygalacturonase is required for the *Trichoderma harzianum*-plant beneficial interaction [J]. Molecular Plant – Microbe Interactions, 2009, 2 (8):

1 021−1 031.

[234] Aghapour B，Fotouhifar K B，Ahmadpour A，*et al.* First report of leaf spot disease on Ficus elastica caused by Phoma glomerata in Iran ［J］. Australasian Plant Disease Notes，2009，4（1）：82−83.

[235] 肖逸，王兴祥，王宏伟，等. 施加角担子菌 B6 对连作西瓜土壤微环境和西瓜生长的影响 ［J］. 生态学报，2012，32（4）：1 185−1 192.

[236] Degenkolb T，Dieckmann R，Nielsen K F，*et al.* The *Trichoderma* brevicompactum clade：a separate lineage with new species，new peptaibiotics，and mycotoxins ［J］. Mycological Progress，2008，7（3）：177−219.

[237] Hartmann A，Schmid M，Tuinen D V，*et al.* Plant−driven selection of microbes ［J］. Plant and Soil，2009，321（1−2）：235−257.

后　　记

　　时光飞逝，岁月如梭，转眼间，我已经毕业三年了。作为一名青年教师，即将出版自己的学术著作，心中甚为忐忑。由于才学所限，本书还存一些不足与遗憾，恐辜负前辈师长的寄望，只能尽力而为。本书是在我博士学位论文的基础上修改、完善而成。从选题、内容安排设计、写作直至最后定稿，我的导师杨克军教授都给予了悉心指导。书稿凝结着杨老师的心血与睿智，学生谨向导师致以真诚的谢意，同时也是对我读博期间学习的总结，以此为始，不断前行！

　　感谢师母王丽艳教授无微不至的关心我的学习和生活，用她的方式鼓励我，支持我。在此我也要向师母致以最诚挚的感谢和最崇高的敬意。感谢王玉凤副教授和刘志华教授对我研究思路的启发和指导，对我提出了很多宝贵的意见和建议，在科研工作的道路上鼓励我一路前行，让我在工作和学业上获益良多。

　　感谢徐晶宇教授、赵长江副教授、薛盈文副教授、张海燕副教授、张翼飞老师、贺琳老师、王智慧老师、魏金鹏老师、郑玉龙老师、赵良琦老师等对我研究提供的帮助，在试验和撰写论文的过程中给予我的无微不至的指导与关怀。

　　感谢我的父母和岳父母，感谢他们在精神上和生活上对我的支持和爱护，在此祝愿他们身体健康，永远幸福。感谢妻子肖瑶对我工作的支持和帮助，对我生活的包容和关爱，她的默默付出和理解是我坚持科研教学工作的最大动力，感谢她的一路陪伴，所有的支持和鼓励，所有的欢欣和期盼，将永伴我心。

　　感谢国家重点研发计划、中国博士后科学基金及黑龙江八一农垦大学学成、引进人才项目对本书的资助。感谢中国农业科技出版社周丽丽编辑在本书出版过程中付出的努力和帮助，在此一并郑重感谢。

付　健

2020 年 5 月

JY417 XY335

彩图1　施用木霉菌与未施木霉菌对照

注：Con1、A1、A2、A3分别代表盐碱土中浇入0spores/L、1×10^3spores/L、1×10^6spores/L、1×10^9spores/L浓度的孢子悬浮液，拍照时间为施用木霉菌后27d，下同

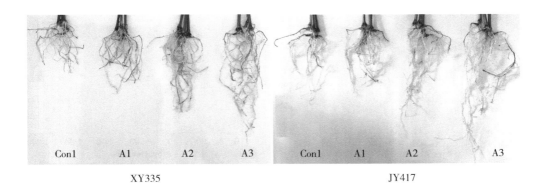

XY335 JY417

彩图2　玉米根系施用木霉菌与未施用木霉菌对比

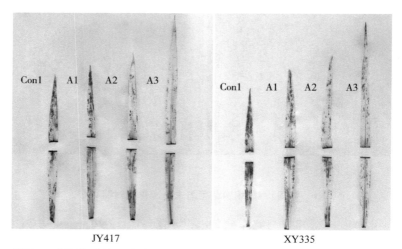

JY417　　　　　　　　　　　　XY335

彩图3　木霉菌对盐碱胁迫下玉米叶片超氧阴离子（O_2^-）积累水平的影响

注：图中为施用木霉菌后第27d时，孢子悬浮液处理进行NBT染色。图中不同处理选取的均为玉米幼苗的第3片叶，由于玉米叶片过长，染色不便，因此，将叶片截为2段

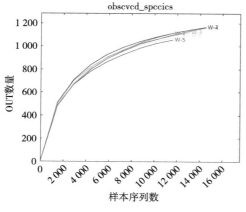

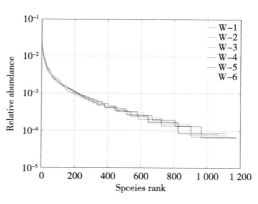

彩图4　97%相似水平下玉米根际土壤细菌稀释性曲线

彩图5　细菌的Rank-abundance曲线

注：图表中W-1、W-2、W-3分别为抽雄期的0.7浓度木霉菌处理、对照处理、1.4浓度木霉菌处理，W-4、W-5、W-6分别为完熟期的0.7浓度木霉菌处理、对照处理、1.4浓度木霉菌处理，下同

A

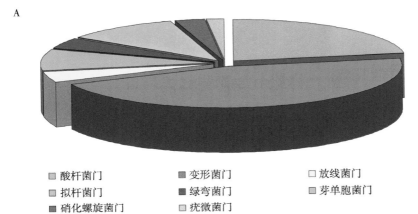

☒ 酸杆菌门　　　　　☒ 变形菌门　　　　　☐ 放线菌门
☒ 拟杆菌门　　　　　■ 绿弯菌门　　　　　☒ 芽单胞菌门
■ 硝化螺旋菌门　　　☒ 疣微菌门

B

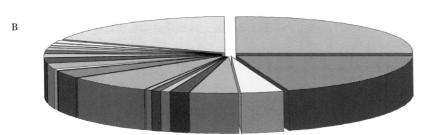

☒ uncultured   ■ uncultured bacterium   ☐ uncultured acidbacterium sp
☒ uncultured acidbacteria bacterium ■ uncultured prokaryote   ☒ uncultured soil bacterium
■ uncultured beta proteobacterium   ☒ uncultured acidobacteriales bacterium ☒ 鞘氨醇单胞菌
■ Blastocatella   ☐ Terrimonas   ☒ 硝化螺旋菌属
■ Haliangium   ☒ 芽单胞菌属   ■ 交替赤杆菌属
☒ Bryobacter   ☒ Polycyclovorans   ☐ Lolium_perenne
☐ Stenotrophomona   ☐ un o subgroup 6   ☐ Ambiguous taxa

彩图6　土壤优势细菌在门和属水平上的分布（A：门；B：属）

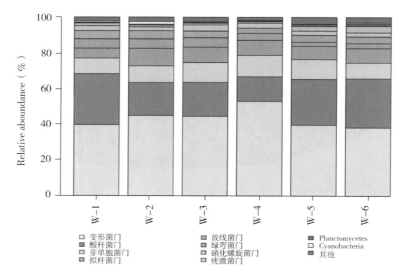

彩图7　在门水平上玉米根际土壤细菌各主要群落的相对丰度

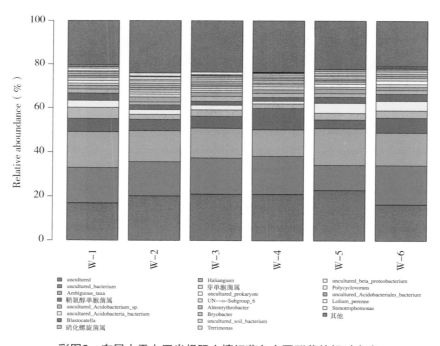

彩图8　在属水平上玉米根际土壤细菌各主要群落的相对丰度

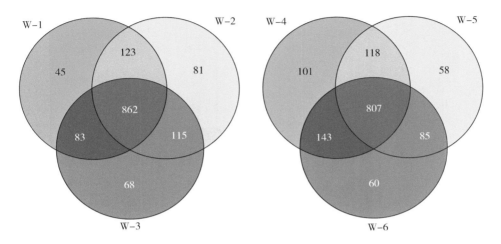

彩图9　各样品的Venn图

注：97%相似水平

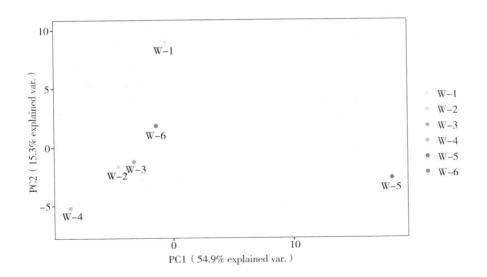

彩图10　土壤细菌OTUs的主成分分析

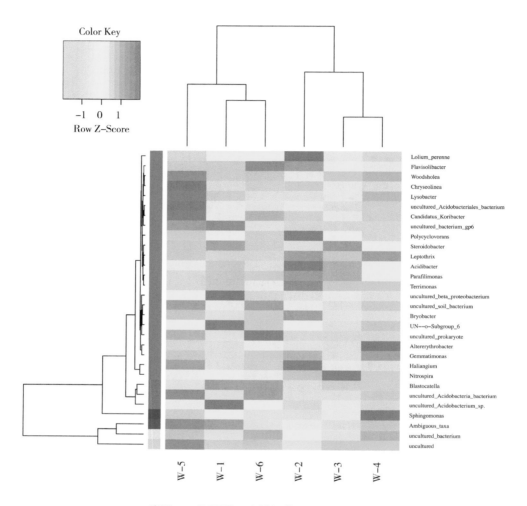

彩图11　不同处理土壤细菌属水平菌群热图

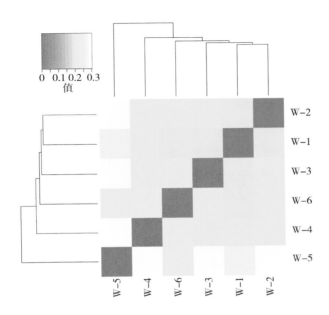

彩图12　基于Unweighted unifrac距离箱图分析

注：图表中W-1、W-2、W-3分别为抽雄期的0.7浓度木霉菌处理、对照处理、1.4浓度木霉菌处理，W-4、W-5、W-6分别为完熟期的0.7浓度木霉菌处理、对照处理、1.4浓度木霉菌处理，下同

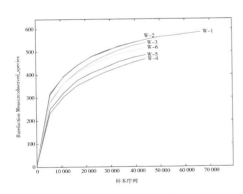

彩图13　97%相似水平下玉米根际土壤真菌稀释性曲线

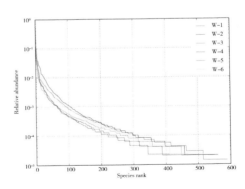

彩图14　真菌的Rank-abundance曲线

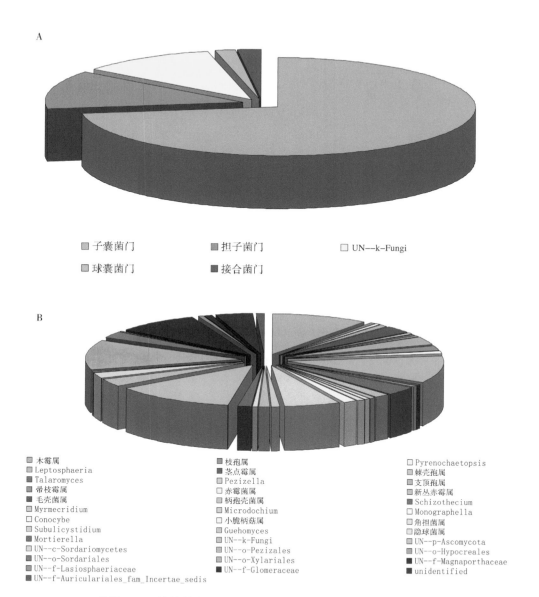

A

■ 子囊菌门   ■ 担子菌门   □ UN--k-Fungi
■ 球囊菌门   ■ 接合菌门

B

□ 木霉属   ■ 枝孢属   □ Pyrenochaetopsis
■ Leptosphaeria   ■ 茎点霉属   ■ 棘壳孢属
■ Talaromyces   ■ Pezizella   ■ 支顶孢属
■ 帚枝霉属   □ 赤霉菌属   ■ 新丛赤霉属
■ 毛壳菌属   ■ 柄孢壳菌属   ■ Schizothecium
■ Myrmecridium   ■ Microdochium   □ Monographella
□ Conocybe   □ 小脆柄菇属   ■ 角担菌属
■ Subulicystidium   ■ Guehomyces   ■ 隐球菌属
■ Mortierella   ■ UN--k-Fungi   ■ UN--p-Ascomycota
■ UN--c-Sordariomycetes   ■ UN--o-Pezizales   ■ UN--o-Hypocreales
■ UN--o-Sordariales   ■ UN--o-Xylariales   ■ UN--f-Magnaporthaceae
■ UN--f-Lasiosphaeriaceae   ■ UN--f-Glomeraceae   ■ unidentified
■ UN--f-Auriculariales_fam_Incertae_sedis

彩图15　土壤优势真菌在门和属水平上的分布（A：门；B：属）

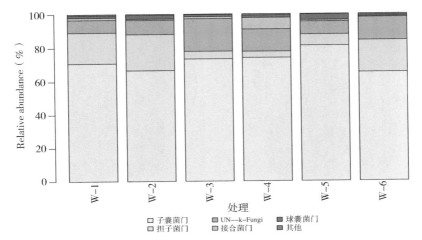

彩图16　在门水平上玉米根际土壤真菌各主要群落的相对丰度

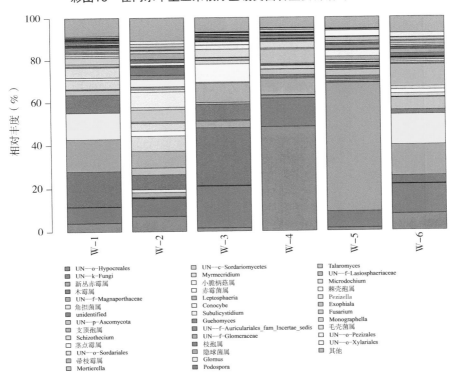

彩图17　属水平上玉米根际土壤真菌各主要群落的相对丰度

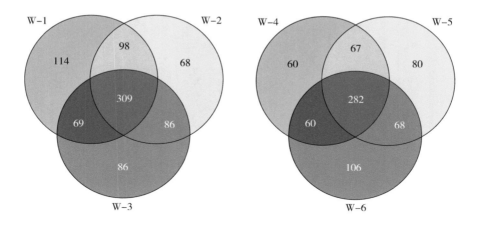

彩图18 各样品的Venn图（97%相似水平）

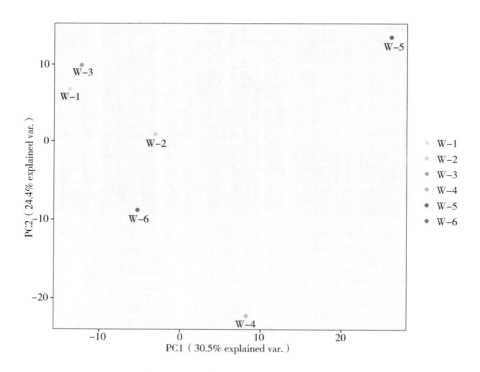

彩图19 土壤真菌OTUs的主成分分析

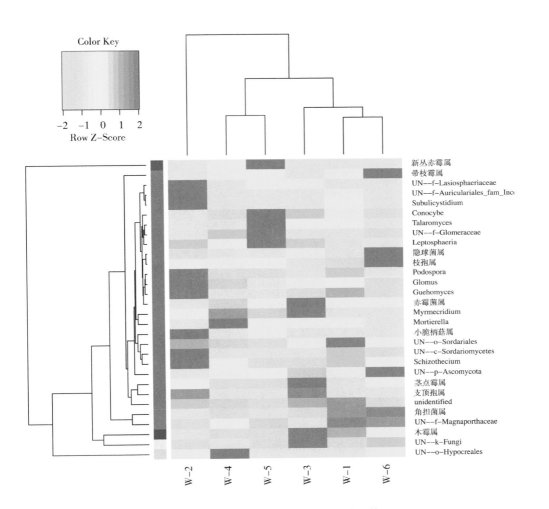

Color Key

-2   -1   0   1   2
Row Z-Score

新丛赤霉属
帚枝霉属
UN--f-Lasiosphaeriaceae
UN--f-Auriculariales_fam_Inc
Subulicystidium
Conocybe
Talaromyces
UN--f-Glomeraceae
Leptosphaeria
隐球菌属
枝孢属
Podospora
Glomus
Guehomyces
赤霉菌属
Myrmecridium
Mortierella
小脆柄菇属
UN--o-Sordariales
UN--c-Sordariomycetes
Schizothecium
UN--p-Ascomycota
茎点霉属
支顶孢属
unidentified
角担菌属
UN--f-Magnaporthaceae
木霉属
UN--k-Fungi
UN--o-Hypocreales

W-2   W-4   W-5   W-3   W-1   W-6

彩图20 不同处理间土壤真菌属水平菌群热图

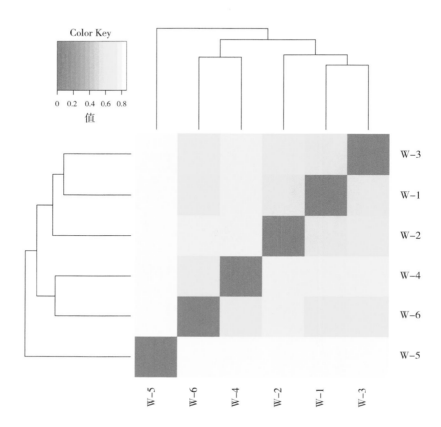

彩图21　基于Unweighted unifrac距离箱图分析